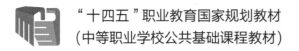

"十四五"职业教育国家规划教材
（中等职业学校公共基础课程教材）

U0290007

信 息 技 术

（拓展模块）
——计算机与移动终端维护+小型网络系统搭建+
信息安全保护

总主编　蒋宗礼

主　编　许晓璐　张　魁　谭建伟

电子工业出版社·

Publishing House of Electronics Industry

北京·BEIJING

内 容 简 介

本书紧密结合中等职业教育的特点，联系计算机教学的实际情况，突出技能和动手能力训练，重视提升学科核心素养，符合中职学生学习信息技术要求。

本书对应《中等职业学校信息技术课程标准》拓展模块 1、拓展模块 2 和拓展模块 9，与《信息技术（基础模块）（上册）》和《信息技术（基础模块）（下册）》配套使用。

本书可作为中等职业学校各类专业的公共课教材，也可作为信息技术应用的培训教材。

未经许可，不得以任何方式复制或抄袭本书之部分或全部内容。

版权所有，侵权必究。

图书在版编目（CIP）数据

信息技术：拓展模块. 计算机与移动终端维护+小型网络系统搭建+信息安全保护 / 许晓璐，张魁，谭建伟主编. —北京：电子工业出版社，2022.8

ISBN 978-7-121-43382-5

Ⅰ. ①信… Ⅱ. ①许… ②张… ③谭… Ⅲ. ①电子计算机—中等专业学校—教材 Ⅳ. ①TP3

中国版本图书馆 CIP 数据核字（2022）第 074906 号

责任编辑：赵云峰　　　文字编辑：郑小燕
印　　刷：北京瑞禾彩色印刷有限公司
装　　订：北京瑞禾彩色印刷有限公司
出版发行：电子工业出版社
　　　　　北京市海淀区万寿路 173 信箱　邮编　100036
开　　本：880×1 230　1/16　印张：7.75　字数：178.56 千字
版　　次：2022 年 8 月第 1 版
印　　次：2025 年 1 月第 8 次印刷
定　　价：18.80 元

凡所购买电子工业出版社图书有缺损问题，请向购买书店调换。若书店售缺，请与本社发行部联系，联系及邮购电话：（010）88254888，88258888。

质量投诉请发邮件至 zlts@phei.com.cn，盗版侵权举报请发邮件至 dbqq@phei.com.cn。

本书咨询联系方式：（010）88254550，zhengxy@phei.com.cn（郑小燕）。

出版说明

为贯彻新修订的《中华人民共和国职业教育法》，落实《全国大中小学教材建设规划（2019-2022 年）》《职业院校教材管理办法》《中等职业学校公共基础课程方案》等要求，加强中等职业学校公共基础课程教材建设，在国家教材委员会统筹领导下，教育部职业教育与成人教育司统一规划，指导教育部职业教育发展中心具体组织实施，遴选建设了数学、英语、信息技术、体育与健康、艺术、物理、化学等七科公共基础课程教材，并于 2022 年组织按有关新要求对教材进行了审核，提供给全国中等职业学校选用。

新教材根据教育部发布的中等职业学校公共基础课程标准和有关新要求编写，全面落实立德树人根本任务，突显职业教育类型特征，遵循技术技能人才成长规律和学生身心发展规律，围绕核心素养培育，在教材结构、教材内容、教学方法、呈现形式、配套资源等方面进行了有益探索，旨在打牢中等职业学校学生科学文化基础，提升学生综合素质和终身学习能力，提高技术技能人才培养质量。

各地要指导区域内中等职业学校开齐开足开好公共基础课程，认真贯彻实施《职业院校教材管理办法》，确保选用本次审核通过的国家规划新教材。如使用过程中发现问题请及时反馈给出版单位和我司，以便不断完善和提高教材质量。

教育部职业教育与成人教育司

2022 年 8 月

前　　言

习近平总书记在中央网络安全和信息化领导小组第一次会议上强调，当今世界，信息技术革命日新月异，对国际政治、经济、文化、社会、军事等领域发展产生了深刻影响。信息化和经济全球化相互促进，互联网已经融入社会生活方方面面，深刻改变了人们的生产和生活方式。

目前，信息技术已成为支持经济社会转型发展的重要驱动力，是建设创新型国家、制造强国、网络强国、数字中国、智慧社会的基础支撑。因此，了解信息社会、掌握信息技术、增强信息意识、提升信息素养、树立正确的信息社会价值观和责任感，正成为现代社会对高素质技术技能人才的基本要求。

本套教材以教育部发布的《中等职业学校信息技术课程标准》为依据，全面落实立德树人根本任务，紧密结合职业教育特点，密切联系中职信息技术课程教学实际，突出技能训练和动手能力培养，符合中等职业学校学生学习信息技术的要求。本套教材对接信息技术的最新发展与应用，结合职业岗位要求和专业能力发展需要，着重培养支撑学生终身发展、适应新时代要求的信息素养。本套教材坚持"以服务为宗旨，以就业为导向"的职业教育办学方针，充分体现以全面素质为基础，以能力为本位，以适应新的教学模式、教学制度需求为根本，以满足学生和社会需求为目标的编写指导思想。在编写中，力求突出以下特色：

1．注重课程思政。课程思政是国家对所有课程教学的基本要求，本套教材将课程思政贯穿于全过程，帮助教学者理解如何将思政元素融入教学，以润物无声的方式引导学生树立正确的世界观、人生观和价值观。

2．贯穿核心素养。本套教材以提高实际操作能力、培养学科核心素养为目标，强调动手能力和互动教学，更能引起学习者的共鸣，逐步增强信息意识、提升信息素养。

3．强化专业技能。本套教材紧贴信息技术课程标准的要求，组织知识和技能内容，摒弃了繁杂的理论，能在短时间内提升学习者的技能水平，对于学时较少的非信息技术类专业学生有更强的适应性。

4．跟进最新知识。涉及信息技术的各种问题多与技术关联紧密，本套教材以最新的信息技术为内容，关注学生未来，符合社会应用要求。

5．构建合理结构。本套教材紧密结合职业教育的特点，借鉴近年来职业教育课程改革和教材建设的成功经验，在内容编排上采用了任务引领的设计方式，符合学生心理特征和认知、技能养成规律。内容安排循序渐进，操作、理论和应用紧密结合，趣味性强，能够提高学生的学习兴趣，培养学生的独立思考能力、创新和再学习能力。

6. 配备教学资源。本套教材配备了包括电子教案、教学指南、教学素材、习题答案、教学视频、课程思政素材库等内容的教学资源包，为教师备课、学生学习提供全方位的服务。

在实施教学时，教师要创设感知和体验信息技术的应用情境，提炼计算思维的形成过程和表现形式，要以源自生产、生活实际的实践项目为引领，以典型任务为驱动，通过情境创设、任务部署、引导示范、实践训练、疑难解析、拓展迁移等教学环节，引导学生主动探究，将生产、生活中遇到的问题与信息技术融合关联，找寻解决问题的方案。在情境和活动中培养学生的信息意识，逐步培养计算思维，不断提升数字化学习与创新能力，鼓励学生在复杂的信息技术应用情境中，通过思考、辨析，做出正确的思维判断和行为选择，履行信息社会责任，自觉培育和践行社会主义核心价值观。学生在学习时要自觉强化为中华民族伟大复兴而奋斗的使命感，增强民族自信心和爱国主义情感，弘扬工匠精神，培养创新创业意识，以"做"促"学"，以"学"带"做"，在"学、做、评"循环中不断提升学习能力和信息应用能力。

本书对应《中等职业学校信息技术课程标准》拓展模块 1、拓展模块 2 和拓展模块 9，与《信息技术（基础模块）（上册）》（ISBN 978-7-121-41249-3，电子工业出版社）和《信息技术（基础模块）（下册）》（ISBN 978-7-121-41248-6，电子工业出版社）配套使用。

本套教材由蒋宗礼教授担任总主编，蒋宗礼教授负责推荐、遴选部分作者，提出教材编写指导思想和理念，确定教材整体框架，并对教材内容进行审核和指导。

本书由许晓璐、张魁、谭建伟（河南警察学院）担任主编。其中，模块 1 由许晓璐、李潇、李飞、汪浩、王冠编写（任务 1 由汪浩编写，任务 2 由王冠编写，任务 3 由李潇编写，任务 4 由许晓璐、李飞编写），模块 2 由张魁、薛良玉编写（任务 1～任务 7 由张魁编写，任务 8 和任务 9 由薛良玉编写），模块 9 由谭建伟（河南警察学院）、刘会霞（河南警察学院）、王安涛（河南警察学院）、段标编写（任务 1 和任务 2 由刘会霞编写，任务 3 和任务 4 由王安涛编写，任务 5 由谭建伟、段标编写）。姜志强、赵立威、高玉民、陈瑞亭等专家从新技术、行业规范、职业素养、岗位技能需求等方面提供了相关资料、素材和指导性意见。

书中难免存在不足之处，敬请读者批评指正。

本书咨询反馈联系方式：（010）88254550，zhengxy@phei.com.cn（郑小燕）。

编　者

目 录

模块 1 计算机与移动终端维护

模块 2 小型网络系统搭建

模块 9　信息安全保护

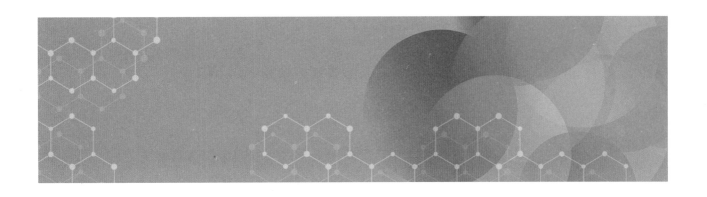

模块1 计算机与移动终端维护

随着信息技术和互联网的快速发展，利用计算机或其他智能终端设备在无线环境下实现随时随地的数据传输及资源共享变得越来越普及。这不仅改变了人们的生活习惯，也为人们提供了更具实时性和准确性的数字信息服务。在本模块中，可以学习到选配常用计算机与移动终端的方法，并根据需求利用其解决生活中的问题，最后对出现的常见问题进行简单处理。

职业背景

计算机俗称电脑，既可以进行数值计算，又可以进行逻辑计算，还具有存储记忆功能。计算机是能够按照程序运行，自动、高速处理海量数据的现代化智能电子设备。

计算机通常由硬件系统和软件系统组成。按综合性能指标，可以将计算机分为五大类：超级计算机、工业控制计算机、网络计算机、个人计算机、嵌入式计算机，尚处于研究中的还有生物计算机、光子计算机、量子计算机等。

近年来，随着电子信息产业的迅猛发展，计算机正向着多元化、智能化、微型化、专业化、网络化方向发展，它已经成为人类生产生活中密不可分的一部分。与此同时，与计算机密切相关的移动终端设备如手机、平板电脑等也成为十分重要的信息载体，已被人们熟知和广泛应用，甚至在某些功能上取代了个人计算机，成为人类的另一个助手。

学习目标

1. 知识目标

（1）能描述计算机的主要性能指标和移动终端的主要参数。

（2）能说出常见的移动支付方式。

（3）能说出投影仪的分类及智能音箱的相关知识。

2. 技能目标

（1）会根据业务需要配置计算机、移动终端和常用外围设备。

（2）会安装支持系统运行和业务所需的各类软件，完成系统设置、网络接入和系统测试。

（3）能进行计算机、移动终端和常用外围设备之间的连接和信息传送。

（4）会对计算机、移动终端等信息技术设备的常见故障进行处理。

3. 素养目标

（1）能根据生活的实际需要，自觉、主动地寻求恰当方式来获取信息和形成解决方案，最终提升信息意识和计算思维能力。

（2）能适应数字化的学习环境，在合作探究、知识分享、协作学习中形成适应职业发展需要的信息能力，在规范的工作流程中养成良好的职业习惯。

（3）通过对国产电子产品的了解，增强民族自豪感和爱国意识。

任务 1　选配计算机及移动终端

◆ **任务描述**

计算机业已成为现代办公设备中最不可或缺的核心工具。作为公司技术人员，你该如何帮助同事确认需求，在兼顾价格和性能的前提下，做出最优选择呢？

◆ **任务目标**

（1）能够通过硬件网站设计采购方案。

（2）能够通过购物网站选购整机。

（3）能够组装一台台式计算机。

（4）能够通过购物网站选购移动终端。

1.1.1　工作流程

1. 通过网站设计采购方案

组装机可以满足用户的个性化需求，设计装机方案是组装计算机的重要步骤。

设计方案前，浏览各大硬件网站的论坛，可查看装机高手分享的经验，以及各个品牌配件的测评文章，了解各配件的兼容性。在此过程中，最好设计多个候选方案，确保有充分的选择空间。

（1）打开浏览器，访问在线模拟攒机网站或各大电商平台网站。此处以中关村在线网站"模拟攒机"频道为例。

在打开的页面中单击地名右侧的下拉按钮。根据实际情况，在下拉列表中单击装机地址的超链接，如图 1-1 所示。

（2）在下方的"推荐品牌"栏中单击相应品牌超链接。

在"CPU 系列"栏中单击"酷睿 i7"超链接，如图 1-2 所示。

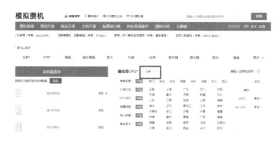

图 1-1 设置装机的地址

图 1-2 设置选择 CPU 的条件

此处以该型号举例，选配时可根据具体工作需要进行选择。以下均以某个品牌或型号的配件为例。

（3）展开的列表框中将会显示所有符合设置条件的 CPU 产品，选择其中一个产品，单击右侧的"加入配置单"按钮，如图 1-3 所示。

（4）在左侧的"装机配置单"列表框中可看到已经添加的 CPU 产品，如图 1-4 所示。

图 1-3 将 CPU 产品加入配置单

图 1-4 查看已选择的 CPU 产品

在"请选择配件"栏中单击"主板"按钮，继续添加主板产品。

（5）在右侧"请选择主板"任务窗格的"主芯片组"栏中单击"Z390"超链接，在"主板板型"栏中单击"ATX（标准型）"超链接，在展开的产品列表中选择一个符合条件的产品，单击"加入配置单"按钮，如图 1-5 所示。

（6）用相同的办法选择计算机的其他硬件，如内存、机械硬盘、固态硬盘、显卡、声卡、机箱、电源、显示器、鼠标及键盘等，或单击"更多"按钮选择其他配件，如图 1-6 所示。

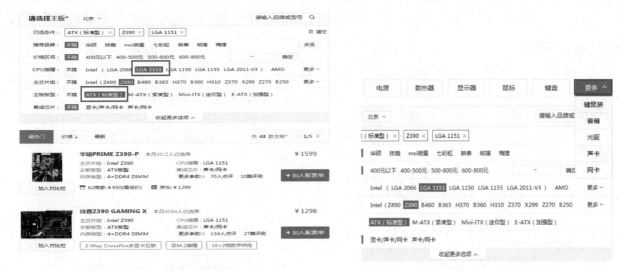

图 1-5　选择主板产品　　　　　　　　图 1-6　选择其他产品

（7）在左侧的"装机配置单"列表框中可看到已经添加的所有产品及其估价，如图 1-7 所示。

2．通过网站选购整机

选购整机对用户的知识储备要求相对较低，并且能免去组装设备、安装系统等工序。各大电商网站均能提供整机选购服务。

（1）打开浏览器，访问电商网站。

在打开的网页中单击地名左侧的下拉按钮。根据实际情况，在下拉列表中单击选购整机地址的超链接，如图 1-8 所示。

 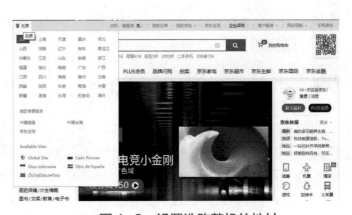

图 1-7　查看装机配置单　　　　　　　　图 1-8　设置选购整机的地址

（2）在左侧的商品类型列表中，根据实际需求，单击相应超链接，如图 1-9 所示。

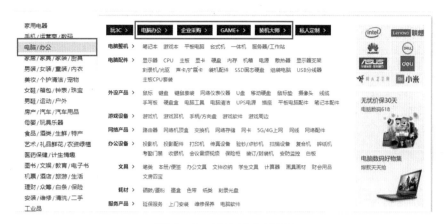

图 1-9　选择产品类型

（3）在打开的页面中，单击品牌、型号或具体配置。

默认展示的配置选项为硬盘容量，在下方的"高级选项"中，还可对显示器尺寸、内存容量、CPU、显卡等其他配置项进行筛选，如图 1-10 所示。

图 1-10　选择品牌、型号或具体配置

（4）设置筛选条件后，系统将自动筛选并展示符合条件的产品，单击图片或名称，可查看该产品的具体描述，如图 1-11 所示。

（5）在打开的产品界面中，可以查看、对比相近的样式、型号，并选择是否购买增值服务。通常，同一系列的计算机之间的区别在于 CPU 型号、显卡、内存和硬盘容量等，如图 1-12 所示。

图 1-11　选择产品可查看具体描述　　　　图 1-12　选择样式、型号和增值服务

（6）向下拖动滚动条，可查看产品的规格、售后保障和评价。通过评价可以了解产品的优缺点，以及店铺和物流的服务质量，如图 1-13 所示。

图 1-13　查看规格、售后保障和评价

3. 组装一台台式机

在组装前，应做好准备工作。准备十字螺丝刀、尖嘴钳、镊子、元件盒、清洁剂、吹气球、毛刷和清洁巾等工具，操作人员释放静电，确保工作环境整洁有序。

组装计算机并没有固定的步骤，通常由个人习惯和硬件类型决定，此处以一种装机人员通用的方法进行操作。

（1）机箱。

首先将机箱平放在工作台上，然后用螺丝刀卸下机箱后部的固定螺丝，如图 1-14 所示。通常每块侧面板有两颗固定螺丝，最后按住机箱侧面板向机箱后部滑动，取下侧面板，如图 1-15 所示。

图 1-14　卸螺丝

图 1-15　取下机箱侧面板

（2）电源。

首先将电源有风扇的一面朝向机箱上的预留孔，然后将其放置在机箱的电源固定架上。固定电源时，将其螺丝孔与机箱上的孔位对齐，使用机箱附带的螺丝将电源固定在电源固定架上，如图 1-16 所示。最后可用手上下轻轻晃动电源，以测试其稳定性。

（3）CPU。

首先推开主板上的 CPU 插座拉杆，如图 1-17 所示；然后打开 CPU 挡板，安装 CPU，使 CPU 两侧的缺口对准插座缺口，将其垂直放入 CPU 插座中，此时不可用力按压，应使 CPU 自由滑入插座内；最后盖好 CPU 挡板并压下拉杆，完成 CPU 的安装。

图 1-16　安装电源

图 1-17　推开 CPU 插座拉杆

盒装正品 CPU 通常自带散热风扇，风扇与 CPU 的接触面已经涂抹了导热硅脂，直接安装即可。如需自行涂抹，可使用随硅脂附赠的注射针筒，挤出少许硅脂，使用棉签将硅脂涂抹均匀。

（4）风扇。

首先将 CPU 风扇的四个膨胀扣对准主板上的风扇孔位，然后向下稍稍用力，使膨胀扣卡槽进入孔位中，将风扇支架螺帽插入膨胀扣中；接着将风扇一边的卡扣安装到支架一侧的扣具上，固定好风扇，如图 1-18 所示；最后将风扇的电源插头插入主板的插槽中，如图 1-19 所示。

图 1-18　固定风扇

图 1-19　风扇背面

（5）内存。

首先将内存条插槽上的固定卡座向外轻微用力扳开，然后将内存条上的缺口与插槽中的方向标识凸起部位对齐，最后双手向下均匀用力，如图 1-20 所示，将内存垂直插入插槽中。此时内存卡座会自动扳回并发出轻响，内存条则卡入卡槽中。

（6）主板。

首先将主板平稳地放入机箱内，使主板上的螺丝孔与机箱上的螺丝孔对齐，然后使主板的外部接口与机箱背面安装好的该主板专用挡板孔位对齐。此时，主板的螺丝孔与主板架上的螺丝孔也相应对齐，最后用螺丝将主板固定在机箱的主板架上。

（7）硬盘。

首先将硬盘放置到机箱内的硬盘支架上，然后将硬盘的螺丝口与支架的螺丝口对齐，最后用螺丝进行固定，如图 1-21 所示。

图 1-20　双手安装内存条

图 1-21　固定硬盘

（8）显卡。

首先拆卸机箱后侧的板卡挡板。通常，主板上的 PCI-Express 显卡插槽上设计有卡扣，需要向下按压卡扣将其打开，将显卡的金手指对准主板上的 PCI-Express 接口，然后轻轻按下显卡，最后用螺丝将其固定在机箱上，完成显卡的安装，如图 1-22 所示。

（9）线缆。

各个部件安装完成之后，连接机箱内的各种线缆，如电源线、数据线等，如图 1-23 所示。

图 1-22　安装显卡

图 1-23　连接线缆

（10）清理灰尘时，如需拆解，拆解顺序多采用与安装过程相反的顺序。

4．通过网站选购移动终端

（1）移动终端类型。

生活中常用的移动终端包括手机、平板电脑等。

（2）选购网站。

移动终端选购网站很多，如京东商城和天猫商城等，如图 1-24 所示。

京东商城　　　　　　　　　　　　天猫商城

图 1-24　购物网站

（3）选购移动终端（以京东商城为例）。

① 通过浏览器或京东 App，进入京东商城，如图 1-25 所示。

京东PC版　　　　　　　　　　　　　　京东移动版

图 1-25　京东商城

② 通过在搜索框内输入"手机"或者"平板电脑"两种方式查找商品，如图 1-26 所示。

图 1-26　京东搜索

1.1.2　知识与技能

1. 计算机的主要性能指标

计算机的主要性能指标见表 1-1。

表 1-1　计算机的主要性能指标

指　标	说　明	适　用　性
字长	在其他指标相同时，字长越大，计算机处理数据的速度就越快。目前主流为 64 位	—
CPU 主频	计算机一般采用 CPU 主频来描述运算速度，主频越高，运算速度就越快	图形图像处理、运算量大的工作
CPU 核数	多核心 CPU 的优势主要体现在多任务的并行处理上	—
硬盘容量	容量越大，可存储资料越多	存储资料量大的工作
内存容量	影响多个应用程序的运行速度	—
显存	用以临时存储显示数据，容量越大，能显示的分辨率及色彩位数越高	图形图像处理工作

2. 移动终端主要参数

（1）中央处理器（CPU）。

移动终端的处理器就像计算机的处理器一样，其主要功能是处理信息。在移动终端方面，华为公司的麒麟处理器是国产处理器中的佼佼者。当前处理器市场中，华为的麒麟系列、高通的骁龙系列、三星的 Exynos 系列、联发科的天玑系列、苹果公司的 A 系列和 M 系列都是应用比较广的处理器。

（2）机身存储。

伴随着科技的进步，移动终端的存储空间在容量上不再受到过多限制，存储容量主要有 64GB、128GB、256GB、512GB、1TB（1024GB）等，使得用户可以有更多的存储空间进行软件安装和信息存储。

（3）运行内存。

运行内存主要起缓存的作用，即断电重启后，内存会自动清空。运行内存的大小直接影响移动终端的运行速度，所以通常是越大越好。运行内存的容量大小主要有 3GB、4GB、6GB、8GB、12GB、16GB 等。

（4）屏幕。

移动终端的屏幕是用户可以直接看到的部分，其性能主要体现在屏幕材质、屏幕大小、屏幕分辨率等方面。

① 在屏幕材质方面，移动终端屏幕目前主要有两种：一种是 LCD，又分为 TFT 和 IPS；另一种是 OLED，又分为 AMOLED、Super AMOLED 等。从价格来说，OLED 要比 LCD 贵。

② 在屏幕大小方面，不是屏幕越大显示的效果就越好，这要看屏幕的分辨率，越大的屏幕能耗越高（也可以说是耗电快）。

③ 屏幕的分辨率是指显示器所能显示的像素数，目前有 1920×1080 像素、2436×1125 像素、1792×828 像素、2688×1242 像素等几种。

（5）充电接口。

移动终端的充电接口有三种常见规格：Micro USB 接口、Type-C 接口和 Lightning 接口，如图 1-27 所示。

Micro USB 接口　　　　Type-C 接口　　　　Lightning 接口

图 1-27　充电接口规格

（6）运行系统。

① 鸿蒙操作系统。

2019 年 8 月 9 日，华为正式发布鸿蒙操作系统。华为鸿蒙操作系统是一款全新的面向全场景的分布式操作系统，目的是创造一个超级虚拟终端互联的世界，将人、设备、场景有机地联系在一起，使消费者在全场景生活中接触的多种智能终端实现极速发现、极速连接、硬件互助、资源共享，用最合适的设备提供最佳的场景体验。2021 年年初，华为正式宣布 HarmonyOS 上线，并表示 2021 年搭载鸿蒙操作系统的物联网设备有望达到 3 亿台，手机将超过 2 亿部。

2021 年 6 月 2 日，华为举行新品发布会，宣布 HarmonyOS 2 操作系统正式发布。

② 安卓（Android）操作系统。

Android 是 Google 于 2007 年 11 月 5 日发布的基于 Linux 内核的开源手机操作系统。由于安卓操作系统开放、免费的特性，大家所熟知的小米、OPPO、vivo 等品牌手机的操作系统，都是基于安卓系统，经过二次开发后再应用到自己的产品上的。

③ iOS 操作系统。

iOS 是由苹果公司为 iPhone、iPod touch 及 iPad 开发的操作系统。

任务 2　安装及使用软件

◆　**任务描述**

计算机软件、移动终端 App 以其种类繁多、功能强大、更新快速等特点，在现代化办公中起着重要作用。作为公司技术人员，你在完成硬件设备选配后，该如何帮助同事安装软件，以提升办公效率呢？

◆　**任务目标**

（1）能为计算机安装操作系统。

（2）能为计算机安装并使用常用的软件。

（3）能将计算机和移动终端连入网络。

（4）能为移动终端安装并使用常用的软件。

1.2.1　工作流程

1. 为计算机安装操作系统

（1）安装操作系统。

整机通常已经预安装了操作系统，可以直接使用。组装机可能需要用户自行安装操作系统。此处以登录微软官方网站举例。

① 登录微软官方网站，下载系统安装工具，如图 1-28 所示。

② 运行程序，单击"接受条款"→"制作安装介质"→"为另一台电脑创建安装介质（U 盘、DVD 或 ISO 文件）"选项，如图 1-29 所示，将操作系统和安装程序添加到 U 盘中。

图 1-28　下载系统安装工具　　　　　　　　图 1-29　制作安装介质

③ 使用系统安装 U 盘，将系统安装到已组装好的计算机中。

④ 完成操作系统安装后进行注册和激活。

（2）安装驱动程序。

登录硬件产品的官方网站，下载驱动程序，如图 1-30 所示；或使用硬件附带的光盘进行安装，也可以使用鲁大师、360、驱动精灵等第三方工具软件安装驱动程序。

图 1-30　登录官网下载驱动程序

2．为计算机安装常用软件

软件种类繁多，为计算机安装软件时并非"多多益善"，冗余的软件会占用硬盘存储空间，增加计算机的工作负担。因此，在下载、安装软件前应进行需求分析。

此处仅列举部分常用软件，选配时可根据具体工作需要进行选择（见表 1-2）。

表 1-2　部分常用软件

类　　型	举　　例	适　用　性
日常办公	WPS Office、Microsoft Office、永中 Office……	处理文档、表格、幻灯片等
图形图像	Photoshop、美图秀秀、Premiere、After Effects、会声会影……	处理图片、视频
专业制图	中旺 CAD、AutoCAD……	专业图形绘制
沟通交流	微信、QQ……	即时通信、共享文档
办公辅助	腾讯会议、钉钉……	在线会议、共享文档
下载工具	迅雷……	下载文件
云存储	百度网盘……	云存储服务

以下以安装微信 Windows 版为例进行介绍。

（1）在搜索引擎中输入"微信"，找到并登录微信官方网站，如图 1-31 所示。

（2）单击"免费下载"按钮，如图 1-32 所示。

图 1-31　下载软件认准"官方"字样

图 1-32　下载安装程序

（3）根据计算机安装的操作系统进行选择，如图 1-33 所示。

（4）下载完成后运行安装程序，如图 1-34 所示。

图 1-33　根据操作系统进行选择

图 1-34　运行安装程序

（5）安装完成后删除安装程序，以节省存储空间。

（6）微信、QQ 等软件的记录文件夹可以移动到其他磁盘，以减轻 C 盘负担，如图 1-35 所示。

图 1-35　迁移记录文件夹

3. 将计算机和移动终端连入网络

（1）计算机连入网络。

方法一：有线连接。

将网线的一端插入路由器，另一端插入计算机的网线接口。

部分型号的笔记本电脑，网线接口处有用以保护和装饰的挡片，插入网线时轻轻下压即可，如图 1-36 所示。

方法二：无线连接。

单击任务栏右侧的"网络设置"按钮，在列表中选择需要连接的 WiFi，输入密码进行验证，如图 1-37 所示。

图 1-36　网线接口　　　　　　　图 1-37　连接 WiFi

台式机如果没有内置无线功能，则需要购买并安装无线网卡。

（2）将移动终端连入网络。

利用移动终端自带的 WiFi 功能，可通过无线路由器将其连接到网络（此处以 iOS 系统为例）。

① 点击屏幕上的"设置"图标（如图 1-38 所示），进入"设置"界面后点击"无线局域网"，并将其开关开启（如图 1-39 所示）。

图 1-38　点击"设置"图标

图 1-39　开启无线局域网连接功能

② 选择需要的无线网络（如图 1-40 所示），在弹出的界面中输入密码（如图 1-41 所示）即可连接网络。

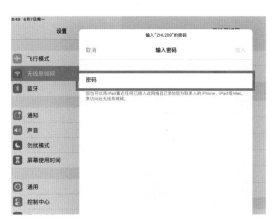

图 1-40　选择所需的无线网络　　　　　　　　图 1-41　输入密码

4．将移动终端与蓝牙设备连接

为了方便生活和办公，经常需要为移动终端连接耳机、手环等蓝牙设备。此处以华为鸿蒙系统（HarmonyOS）为例，介绍移动终端与蓝牙设备连接的具体操作。

（1）点击屏幕上的"设置"图标（如图 1-42 所示），进入设备的"设置"界面后，点击"蓝牙"（如图 1-43 所示），使其处于"已开启"状态。

图 1-42　点击"设置"图标　　　　　　　　图 1-43　开启蓝牙功能

（2）开启蓝牙功能后，在配对设备列表中选择所要连接的蓝牙设备（如图 1-44 所示）。

（3）当配对信息显示"已连接"（如图 1-45 所示）时，代表移动终端与蓝牙设备连接成功。

图 1-44 选择所需设备进行连接   图 1-45 蓝牙设备连接成功

5. 为移动终端安装常用软件

应用市场是下载 App 的重要入口。具体操作如下：

（1）在主屏幕上点击"应用市场"图标（如图 1-46 所示）。

（2）搜索所需的 App（如图 1-47 所示）。

（3）点击"安装"按钮（如图 1-48 所示），即可将 App 安装到设备中。

图 1-46 点击"应用市场"图标   图 1-47 搜索所需的 App   图 1-48 安装 App

1.2.2 知识与技能

移动支付是指用户利用移动终端等电子产品来进行电子货币支付，移动支付将互联网、终端设备、金融机构有效地联合起来，形成了一个新型的支付体系。移动支付不仅能够进行货币支付，还可以缴电话费、燃气费、水电费等生活费用。大家所熟悉的支付宝、微信支付等都是移动支付。

数字人民币，又称数字货币电子支付，是中国人民银行基于国家信用发行的法定数字货币。它以广义账户体系为基础，与纸钞和硬币等价。数字人民币既可以像现金一样易于流通，有利于人民币的流通和国际化，同时也可以实现可控匿名。打开"数字人民币" App，即便手机没有网络，也能轻松完成支付。这种支付点对点实时结算，省去了传统支付工具（如支付宝、微信支付）的银行账户电子化交易结算环节，更加便捷、安全，并有效保护了使用者的隐私。

任务 3　连接并使用外部设备

◆　任务描述

因日常会议和办公的需要，经常要将计算机与投影仪、蓝牙设备或打印机相连接。如果你是一个办公室文员，如何快速布置好一个小型会议的环境？如何让所有人都能使用共享打印机（或网络打印机）呢？

◆　任务目标

（1）能将笔记本电脑与投影仪连接并调试好。

（2）能将笔记本电脑与蓝牙设备（如音箱）连接并调试好。

（3）能将笔记本电脑与其他设备连接并调试好。

（4）能将打印机设置为共享打印机。

（5）能为计算机添加共享打印机。

（6）能为计算机添加网络打印机。

（7）了解投影仪与智能音箱的相关知识。

1.3.1　工作流程

1．连接笔记本电脑与投影仪

（1）将投影仪连接到电源上。

（2）利用视频线将笔记本电脑与投影仪连接起来。

若笔记本电脑与投影仪均有 VGA 接口，则可利用一根 VGA 视频线（如图 1-49 所示），将二者相连接。注意：插拔视频线的时候不要把插头内的针弄歪或折断。若笔记本电脑与投影仪均有 HDMI 接口，则可利用一根 HDMI 视频线（如图 1-50 所示）将二者相连接。若笔记本电脑与投影仪的接口下同，则可利用转换线进行连接，如 HDMI 转 VGA 线，如图 1-51 所示。

（3）打开投影仪和笔记本电脑。此时，投影仪风扇开始转动，灯泡也逐渐亮起，稍等片刻就可看到笔记本电脑投影出的画面。若无画面，则可进行后续操作。

（4）（以 Windows 10 操作系统为例）按【Win+P】组合键，可快速设置笔记本电脑与投影仪的连接方式。Windows 10 操作系统下笔记本电脑的投影设置如图 1-52 所示。

图 1-49　VGA 视频线

图 1-50　HDMI 视频线

图 1-51　HDMI 转 VGA 线

图 1-52　Windows 10 操作系统下笔记本电脑的投影设置

2．连接笔记本电脑与蓝牙设备

蓝牙设备能够给人们的生活带来更多的便捷。不同的蓝牙设备，其连接过程是相似的。

（1）打开蓝牙设备。

（2）打开 Windows 设置，选择设备，Windows 10 操作系统下的设置如图 1-53 所示。

（3）打开蓝牙功能并选择添加的蓝牙设备，如图 1-54 所示。

图 1-53　Windows 10 操作系统下的设置　　图 1-54　打开蓝牙功能并添加的蓝牙设备

（4）选择"蓝牙"，开始搜索添加的蓝牙设备，如图 1-55 所示。

（5）选择搜索到的蓝牙设备，如图 1-56 所示。

图 1-55　搜索添加的蓝牙设备

图 1-56　选择搜索到的蓝牙设备

3. 连接笔记本电脑与其他设备

（1）连接 PPT 翻页笔。

使用 PPT 翻页笔，可以将演讲者从计算机屏幕前解放出来，与会议现场的人更好地互动，更有利于准确地传递信息，因此得到广泛的应用。连接 PPT 翻页笔的具体操作如下。

① 将装有电池的翻页笔接收设备插入笔记本电脑的 USB 接口，如图 1-57 所示。

图 1-57　将接收设备插入 USB 接口

② 使用时将翻页笔的开关拨到"ON"即可。

（2）连接 USB 摄像头。

视频会议可以实现与多人同时进行通信，让分处异地的用户进行"面对面"的交流，既提升了工作效率，又降低了会议成本。因此，为计算机连接摄像头就非常必要了，而且操作也比较简单，将 USB 摄像头插入计算机的 USB 接口即可使用（一般自动安装驱动程序）。

4. 为计算机添加共享打印机

（1）将打印机连接到办公室局域网中的一台计算机后，将其设置为共享打印机。

① 选择已连接好的打印机，单击"管理"按钮，如图 1-58 所示。

② 在弹出的"设置"对话框中单击"打印机属性"选项，如图 1-59 所示。

③ 在共享属性中，选择"共享这台打印机"并为打印机命名，设置完成后单击"确定"按钮，如图 1-60 所示。

图 1-58　选择打印机　　　　图 1-59　"设置"对话框　　　　图 1-60　设置打印机的共享属性

（2）为局域网中的计算机添加共享打印机。

① 在添加打印机设置中选择"按名称选择共享打印机"选项，单击"浏览"按钮，如图 1-61 所示。

② 在弹出的对话框中选择网络中共享打印机所在的计算机，如图 1-62 所示。

③ 选择该计算机连接的共享打印机，如图 1-63 所示。

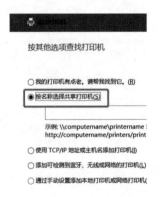

图 1-61　选择添加共享　　　　图 1-62　选择网络中共享　　　　图 1-63　选择共享打印机
　　　　打印机　　　　　　　　　打印机所在的计算机

④ 找到共享打印机，如图 1-64 所示。

⑤ 可以对打印机的名称进行设置，如图 1-65 所示。单击"下一步"按钮即可完成对共享打印机的添加，此时可以单击"打印测试页"按钮进行测试，如图 1-66 所示。

图 1-64　找到共享打印机　　　　图 1-65　设置打印机名称　　　　图 1-66　打印测试页

5. 为计算机添加网络打印机

随着技术的发展，有些打印机已经具备网络连接功能，无须借助任何计算机，就可作为独立的设备接入网络。以多功能数码复合机（柯尼卡美能达 C266）为例。

（1）按照说明书将多功能数码复合机连接到计算机网络并设置 IP 地址。

（2）将网络打印机添加到计算机中。

① 在添加打印机设备时，选择"使用 TCP/IP 地址或主机名添加打印机"选项，如图 1-67 所示。

② 输入打印机的 IP 地址，如图 1-68 所示。

图 1-67　选择"使用 TCP/IP 地址或主机名添加打印机"选项

图 1-68　输入打印机的 IP 地址

③ 选择需要使用的驱动程序，如图 1-69 所示。

④ 输入打印机的名称，如图 1-70 所示。

图 1-69　选择需要使用的驱动程序

图 1-70　输入打印机的名称

⑤ 设备本身具有网络连接功能，因此选择"不共享这台打印机"选项，如图 1-71 所示。

⑥ 此时，网络打印机就添加成功了，可以单击"打印测试页"按钮进行测试，如图 1-72 所示。

 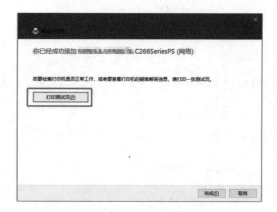

图 1-71　选择"不共享这台打印机"选项　　　　　图 1-72　打印测试页

1.3.2　知识与技能

（1）投影仪。

① 投影仪，又称投影机，是一种可以将图像或视频投射到幕布上的设备，可以通过不同的接口与计算机、DVD、BD、游戏机、DV 等相连接，以播放相应的视频信号。

② 投影仪的分类。

日常生活中，根据使用场合的不同，投影仪可分为以下几种。

● 家庭影院型：亮度和对比度相对比较高，各种视频端口齐全，适合播放电影和高清晰电视，如图 1-73 所示。

● 迷你便携型：体积小、重量轻、移动性强，不受场地的限制，如图 1-74 所示。

● 教育会议型：一般定位于学校和企业的应用，采用主流的分辨率，重量适中，散热和防尘做得比较好，适合安装和短距离移动，如图 1-75 所示。

图 1-73　家庭影院型　　　图 1-74　迷你便携型　　　图 1-75　教育会议型
　　　　投影仪　　　　　　　　　投影仪　　　　　　　　　投影仪

● 主流工程型：投影面积更大、距离更远、光亮度很高，能更好地应对大型多变的安装环境，如图 1-76 所示。

● 专业剧院型：高度高、体积大、质量重，通常用于专业应用场合，如剧院、博物馆、大会堂等，如图 1-77 所示。

● 测量型：将产品零件通过光的透射形成放大效果，如图 1-78 所示。

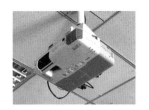

图 1-76　主流工程型投影仪

图 1-77　专业剧院型投影仪

图 1-78　测量型投影仪

③ 投影仪的主要技术参数。

● 亮度：指投影仪输出的光能量，单位为"流明"（lm）。流明值越高表示越亮，投影时越不需要关灯。

● 分辨率：指一幅图像所含的像素数，像素数越多分辨率越高，显示的图形细节越丰富，画面越完美。目前市场上主流分辨率已达到 1920×1080 像素的标准，有些产品更达到了 3840×2160 像素高清晰 4K 画质标准。

● 对比度：画面黑与白的比值，也就是从黑到白的渐变层次。比值越大，从黑到白的渐变层次就越多，色彩表现越丰富，观看到的画面细节越多。如果用来演示色彩丰富的照片和播放视频动画，则最好选择 1000：1 以上的高对比度投影机。

● 其他功能：随着科技的发展，投影仪也变得越来越智能。除内置扬声器外，更多的投影仪搭载了独立操作系统，可实现网络连接，用户可直接通过网络观看在线视频。有些投影仪如坚果（如图 1-79 所示）、极米（如图 1-80 所示）、小米米家（如图 1-81 所示）等在系统中加入了 AI 语音交互系统，配备智能语音遥控器，支持声纹识别。除此之外，用户还能实现手机实时投屏画面，看照片、播视频、听音乐。

图 1-79　坚果投影仪

图 1-80　极米投影仪

图 1-81　小米米家投影仪

（2）智能音箱。

智能音箱是最近几年新兴的产物，相对于传统音箱的音乐播放的单一性功能，智能音箱拥有更多的功能。智能音箱拥有 WiFi、蓝牙等无线连接功能；可通过内置麦克风、语音助手与人进行交互；不仅可以播放音频资源，还可以兼顾百科查询和生活工具等功能。而最为突出的是智能音箱往往是家居物联网的入口，可以控制多种智能设备。

IDC 中国智能家居设备市场季度跟踪报告显示，2019 年，中国智能音箱市场出货量达到 4589 万台，同比增长 109.7%，阿里巴巴、百度和小米的市场份额占比超过 90%。其中，天猫精灵智能音箱（如图 1-82 所示）位居首位，全年出货量达 1561 万台；紧随其后的是小度智能音箱（如图 1-83 所示），全年出货量达 1490 万台；小米的小爱智能音箱（如图 1-84 所示）位居第三，全年出货量达到 1130 万台。

图 1-82　天猫精灵智能音箱　　　　图 1-83　小度智能音箱　　　　图 1-84　小爱智能音箱

任务 4　解决计算机和移动终端常见故障

◆　任务描述

在使用计算机和移动终端的过程中，难免产生各种异常情况，你该如何帮助同事解决这些问题，确保计算机正常工作，并力争减少故障发生率，保护设备和资料的安全呢？

◆　任务目标

（1）能制定日常维护清单。

（2）能整理磁盘文件和碎片。

（3）能设置减少开机启动项。

（4）能完成杀毒软件的升级和病毒查杀。

（5）能对计算机常见故障进行分析和维护。

（6）能对移动终端常见故障进行分析和维护。

1.4.1　工作流程

1. 制定日常维护清单

在使用计算机前，制定一份合理可行的维护清单，指导使用者从安装、使用、维护等维度，正确使用计算机，规避可能对计算机造成损害的诸多因素，可以较低成本换来稳定的工作状态，减少不必要的故障发生。

日常维护清单包含但不仅限于以下几个方面（在制定具体方案时，应考虑工作需求、场地条件、天气情况等诸多因素，进行个性化设计）。

（1）保持良好的工作环境。

① 防静电：在使用计算机前，尤其是在安装、拆解计算机前，应当通过触摸金属水管等物体，释放身体的静电。

② 防震动：在安置和使用计算机时应注意防止碰撞。

③ 防灰尘：日常应注意计算机工作环境的清洁卫生，做好防尘工作，如图 1-85 所示。

④ 注意环境温度：可在使用计算机的工作环境中，尤其是在计算机密集区域安装空调，以保证计算机运行时环境温度适宜。

⑤ 注意环境湿度：在工作中应保持良好通风，不要在湿度大的地方长时间使用计算机。

⑥ 注意线路稳定性：可配备一个小型 UPS（不间断电源，如图 1-86 所示）或稳压器（如图 1-87 所示）对计算机进行保护，防止断电、电压不稳对计算机造成损害。

图 1-85　计算机防尘罩

图 1-86　UPS（不间断电源）

图 1-87　稳压器

（2）注意计算机的摆放位置。

① 防护：不要将计算机放置在窗边、饮水机旁等容易淋湿、长时间暴晒的位置，不宜将计算机放置在空调风路上。

② 稳定性：计算机安放平稳，避免滑动。

③ 空间：保留足够的工作空间，用于放置光盘和移动硬盘等常用配件。

④ 散热：多台计算机之间保留合理间距，确保散热良好。

⑤ 高度：调整好显示器的高度，使显示器上边与使用者视线保持同一水平高度，太高或太低都容易使操作者疲劳。可配备显示器支架或台架，以供灵活调整显示器高度，如图 1-88 和图 1-89 所示。

（3）对线路进行加固。

① 使用线槽：将计算机及外接设备的电源线、网线安置于线槽中，或紧贴墙面、电脑桌放置，避免行走中剐蹭、碰撞导致的供电不稳和线路损坏。线槽如图 1-90 所示。

② 使用扎带：使用扎带，将鼠标、键盘、打印机等设备的数据线扎牢，避免剐蹭和线路混乱。注意保留足够的长度，不同的线要分开扎，便于更换设备时进行操作。扎带如图 1-91 所示。

图 1-88　显示器支架

图 1-89　显示器台架

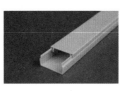
图 1-90　线槽

图 1-91　扎带

（4）日常使用中的注意事项。

① 阅读说明书：了解常见问题的解决方法和软硬件使用说明。不同品牌的硬件设备可能有不同的注意事项和操作流程。

② 保存驱动程序安装光盘：原装驱动程序通常是最适用的，能够最大限度发挥设备功能。在线下载的最新版驱动程序可能不适合陈旧型号的硬件。

③ 设置自动更新：自动更新可以为系统修复漏洞，避免受到攻击。

④ 清理回收站：回收站默认占用 C 盘空间，回收站中积累大量垃圾文件会影响系统响应时间。定期清空回收站可以释放存储空间。在删除文件时按【Shift+Delete】组合键可彻底删除文件。也可右击"回收站"图标，在弹出的快捷菜单中选择"属性"选项，在弹出的对话框中更改"回收站"的位置，使其不再占用 C 盘空间，如图 1-92 所示。

⑤ 清理桌面：桌面上存放的文件占用 C 盘空间，桌面上存放过多文件也会影响系统响应时间。可以将文件或文件夹保存至其他位置，而仅在桌面放置其快捷方式。右击"文件"或"文件夹"图标，在弹出的快捷菜单中选择"桌面快捷方式"选项，如图 1-93 所示。

图 1-92　更改"回收站"位置

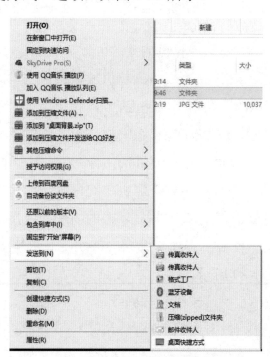

图 1-93　创建桌面快捷方式

⑥ 备份重要文件：建议将重要的文件保存至 U 盘、移动硬盘或网盘中，减少计算机无法正常工作或文件异常造成的损失。

（5）提高安全意识。

病毒导致的故障在计算机常见故障中所占比重很大，日常使用中应提高安全意识，养成以下习惯，从源头上降低感染病毒的概率：

① 他人的 U 盘、硬盘在打开之前先进行病毒查杀，自己的 U 盘、硬盘在其他计算机上使

用后也要进行病毒查杀。

② 各类光盘在插入光驱后先进行病毒检查,不使用自动运行程序,不购买来源不明的光盘。

③ 一旦感染病毒,应及时断开网络,不共用 U 盘、硬盘,杜绝病毒二次传播。

④ 运行程序或打开文件夹前,要仔细查看文件或文件夹类型。有些病毒会将可执行程序的图表和名称伪装成文件夹。

⑤ 不打开来源不明的链接和邮件。

⑥ 不下载、接收来源不明、类型不明的文件;到官方网站或其他正规网站下载软件。注意通过新闻媒体、杀毒软件的官方网站等,了解最新的病毒预警信息和防范方法。

2. 整理磁盘文件和碎片

在计算机中频繁进行存储和删除等复杂操作时,部分文件会以不连续的碎片形式存储在磁盘中;浏览网页时为实现快速查看,会有大量临时文件存储在磁盘中;频繁安装和卸载软件会产生大量垃圾文件……很多操作都会产生垃圾文件和文件碎片,严重时会造成计算机卡顿。

(1)双击"此电脑"图标,右击需要清理的磁盘,在弹出的快捷菜单中单击"属性"选项,如图 1-94 所示。

(2)在弹出的对话框中,单击"磁盘清理"按钮,如图 1-95 所示。

(3)在弹出的对话框中,选择需要清理的文件类型。此时单击各类型文件名称,可以查看具体描述,如图 1-96 所示。

图 1-94　快捷菜单

图 1-95　单击"磁盘清理"
按钮

图 1-96　选择需清理的
文件类型

（4）此时单击"清理系统文件"按钮，可以清理系统所有更新的副本文件。需要注意的是，系统更新副本删除后，系统将无法恢复到更新前的版本，如图 1-97 所示。

（5）依次单击"确定""删除文件"按钮，系统将对选中的文件进行清理，清理完成后将退出磁盘清理程序，如图 1-98 所示。

（6）双击打开"此电脑"图标，右击需要进行清理的磁盘，在弹出的快捷菜单中单击"属性"选项。在弹出的对话框中选择"工具"选项卡，单击"优化"按钮，如图 1-99 所示。

图 1-97　清理系统更新副本　　　　图 1-98　删除文件　　　　图 1-99　单击"优化"按钮

（7）在弹出的对话框中选择要进行碎片整理的磁盘，单击"分析"按钮，系统将对选中的磁盘进行分析，并以百分比的形式显示分析进度，如图 1-100 所示。

（8）单击"优化"按钮，系统将对选中的磁盘进行整理，整理完成后单击"关闭"按钮退出磁盘碎片整理程序，如图 1-101 所示。

图 1-100　选择进行碎片整理的磁盘　　　　图 1-101　整理磁盘碎片

3. 设置减少开机启动项

在使用计算机的过程中会根据需要安装各类应用程序，其中部分程序默认设置为系统开机启动，但这些设置可能并非必要，反而会影响开机启动速度。

（1）单击"开始"按钮，打开"开始菜单"，依次单击"Windows 系统"→"Run"/"运行"按钮，如图 1-102 所示。

（2）在弹出的对话框中输入"msconfig"指令，单击"确定"按钮，如图 1-103 所示。

图 1-102　"Run"按钮

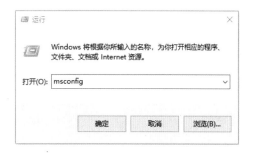

图 1-103　输入"msconfig"指令

（3）在弹出的对话框中，单击"启动"选项卡，选择需要禁止开机启动的程序，如图 1-104 所示。有的系统版本可以在任务管理器的"启动"选项卡中选择需要禁止开机启动的程序。

此处建议允许杀毒软件开机启动。

图 1-104　设置启动项

4. 升级杀毒软件并完成病毒查杀

杀毒软件种类繁多，此处以 Windows 系统自带的 Windows Defender 为例。

Windows Defender 软件基本的杀毒和防护功能比较完备，可以支撑基本的使用需求。如不需要其他拓展功能，在 Windows 10 系统下可以不安装第三方杀毒软件及配套软件。

使用 Windows Defender 进行病毒查杀，操作步骤如下。

（1）单击"开始"按钮，打开"开始"菜单，找到 Windows Defender/Windows 安全中心，如图 1-105 所示。

（2）在弹出的对话框中单击左侧的"病毒和威胁防护"按钮，向下拖动滚动条，单击"检查更新"按钮，对软件进行更新，如图 1-106 所示。

（3）完成更新后，单击"扫描选项"按钮，如图 1-107 所示。

图 1-105 Windows　　　图 1-106　"检查更新"按钮　　　图 1-107　"扫描选项"按钮
　　安全中心

（4）根据具体情况选择扫描范围，如图 1-108 所示。

快速扫描：扫描系统中的关键位置和经常发现病毒威胁的位置。

完全扫描：对系统下所有磁盘进行彻底扫描。

自定义扫描：由用户自行选择扫描范围。

（5）扫描完成后，处理扫描结果，通常选择删除感染文件，如图 1-109 所示。

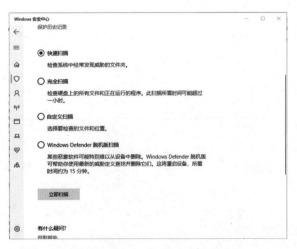

图 1-108　选择扫描范围　　　　　　　　图 1-109　处理扫描结果

（6）单击左侧的"防火墙和网络保护"按钮，根据当前的网络状态，单击对应的按钮，如图 1-110 所示。

（7）单击"开"按钮，打开防火墙，如图 1-111 所示。

图 1-110　防火墙和网络保护

图 1-111　开启防火墙

5. 对计算机常见故障进行分析和维护

（1）计算机故障维修的基本原则。

先软后硬：排除软件故障比排除硬件故障相对容易，因而应遵循"先软后硬"原则，即首先分析操作系统和软件是否出现故障，排除之后再检测硬件故障情况。

先外后内：先检查外部设备，如显示器、键盘、鼠标等，是否运转正常，然后查看电源、线路的连接是否正确，最后再拆解机箱进行查看（尽可能不拆解机箱中的硬件）。

先电后件：先检查电源是否连接松动、电压是否稳定，再检查硬件的数据线连接是否正常。

先易后难：先对简单易修的故障进行排除。有时简单故障排除后，较难的故障也会变得容易排除。

交换检测：从正常状态的计算机中调取组件，替换故障机中的组件，观察效果。

（2）计算机常见故障的分析与维护。

计算机出现故障的现象和原因多种多样，这里仅列举较为常见、易于处理的情况。如遇电路虚焊、器件故障，就需要专业维修人员进行操作，贸然维修可能导致硬件彻底损毁。在实施维修前，应先根据故障的现象分析该故障的类型，确定要应用何种方式进行处理，切勿盲目操作，以免引发新的故障。

① 键盘、鼠标等外接设备失灵。

可能原因：USB 接口接触不良。

处理方法：插拔 USB 线，更换接口。

② 显示"无法正常启动"。

可能原因：因安装软件、病毒或错误操作导致系统文件损坏、丢失。

处理方法：重复强制开关机 3 次后，在故障修复界面中，选择"启动修复"选项，或选择"启动设置"→"启动安全模式"选项，按系统提示进行修复操作，如图 1-112 所示。

图1-112　"启动设置"选项

③ 显示器显示"无信号输入"或"No Signal"。

可能原因：VGA 线损坏，或错置于主板接口。

处理方法：插拔 VGA 线，检查接口状态，接入显卡接口，如有需要更换 VGA 线。

④ 开机异响。

可能原因：灰尘聚集或内存金手指氧化。

处理方法：拆解机箱，清理灰尘，使用橡皮清理内存的金手指。

6. 对移动终端常见故障进行分析和维护

移动终端出现故障是常见现象，如果了解故障，知道应对措施，就能很快解决问题，在节省时间的同时还能省钱。下面列举一些常见的问题及处理办法。

① 无法接收、发送短信。

原因分析：短信中心号码错误。

处理方法：打开信息，单击虚拟菜单键，依次点击"设置"→"短信服务中心"选项，将短信中心号码设置为当地网络运营商的短信中心号码。

注意：不同运营商、不同地域短信中心各不相同，可致电当地电信运营商咨询。

② 触屏不灵敏。

原因分析：如果是充电时触屏不灵敏，一般为非原装充电器输出电压不稳定造成的触屏不灵敏；屏幕保护膜导致触屏不灵敏；静电导致触屏不灵敏；系统软件原因；移动终端被 ROOT（ROOT：安卓系统移动终端获取权限的意思）；硬件故障。

处理方法：更换原装充电器，或撕开保护膜，或按两次开关可释放静电，或在备份好资料的情况下恢复出厂设置。若问题还是不能解决，可查看是否有新的系统版本，可升级到最新版本的系统。

③ 死机。

原因分析：后台运行程序太多，占用运行内存过多，造成系统假死、死机情况；中病毒；存储资料过多或安装太多程序。

处理方法：退出部分后台运行的程序，并养成通过返回或退出虚拟按键退出运行程序的习惯；安装杀毒软件杀毒（鸿蒙系统、安卓系统可安装相关管理软件进行处理，参考 1.2.1 节中的"5. 为移动终端安装常用软件"，iOS 系统则不需要）；删除及卸载部分不常用资料和程序，或者将部分程序转移到内存卡。

④ 自动关机。

原因分析：电池触点或电池连接器氧化；静电引起；电量不足引起；ROOT 引起；设置了定时开关机。

处理方法：使用橡皮擦或者棉签擦拭电池连接器和充电器；保持手机清洁，或配手机皮套；因电量不足引起，则充电即可；将手机送到售后网点进行升级处理；重新启动后将定时关机取消。

⑤ 机身发热或发烫。

原因分析：智能移动终端相当于一台微型计算机，CPU 工作时会产生热量，热量通过外壳散发，所以有时会感觉到机身发热，这是正常现象。在玩大型游戏或充电时，发热现象会体现得较为明显。

处理方法：尽量避免长时间拨打电话、观看视频及充电时玩游戏等，或者在恒温、通风的环境下使用手机，切勿在发热过程中仍然长时间运行移动终端。

⑥ 耗电快，待机时间短。

原因分析：后台运行程序较多；屏幕亮度偏高；开启蓝牙、GPS、WiFi 及数据连接等。

处理方法：调出最近运行的程序，滑动退出后台运行的程序；适当调低屏幕亮度；不使用时关闭蓝牙、GPS、WiFi 或数据连接等。

1.4.2　知识与技能

1. 计算机病毒概述

计算机病毒（Computer Virus）是编制者在计算机程序中插入的能破坏计算机功能或数据会影响计算机使用，并可自我复制的一组计算机指令或者程序代码。

计算机病毒是人为制造的，具有破坏性、传染性和潜伏性，能对计算机信息或系统起破坏作用。它不是独立存在的，而是隐蔽在其他可执行的程序中的。计算机感染病毒后，轻则影响机器运行速度，重则死机、系统被破坏，给用户带来很大的损失。

2. 计算机病毒分类

计算机病毒按存在的媒体分为引导型病毒、文件型病毒和混合型病毒；按链接方式分为源码型病毒、嵌入型病毒和操作系统型病毒；按计算机病毒攻击的系统分为攻击 DOS 系统病毒、攻击 Windows 系统病毒、攻击 UNIX 系统病毒。如今的计算机病毒正在不断地更新，其中包括一些独特的新型病毒还暂时无法按照常规的类型进行分类，如互联网病毒（通过网络进行传播）、电子邮件病毒等。

3. 病毒传播途径

计算机病毒有自己的传播模式和传播途径。由于计算机程序可自我复制，这使得计算机病毒的传播变得非常容易，通常在可交换数据的环境中进行病毒传播。计算机病毒有三种主要传播方式。

（1）通过移动存储设备进行病毒传播，如 U 盘、光盘、移动硬盘等。

（2）通过网络传播。随着网络技术的发展和互联网的运行速度的增加，计算机病毒的传播速度越来越快，范围也在逐步扩大。

（3）利用计算机系统和应用软件的漏洞传播。近年来，越来越多的计算机病毒利用应用系统和软件应用的漏洞传播出去，因此，这种途径也被划分为计算机病毒的基本传播方式。

考核评价

◆ 考核项目

将班级学生按 4 人一组进行分组，组内合作完成以下实践项目。组员间要相互交流、互相帮助，禁止包办。

项目 1：校学生会要开设一个便民影印服务社，为同学们免费提供文件及照片打印、扫描、复印等业务。请你为他们提供一份选配设备的清单。

项目 2：校学生会要召开纳新宣讲会，请你将笔记本电脑与投影仪、蓝牙音箱、翻页笔连接并调试好。

项目 3：校学生会办公室有一台网络打印机，请你将自己的笔记本电脑与其连接好，并将同学们上交的简历打印出一份。

项目 4：校学生会办公室有一台台式机经常死机，请你进行初步的诊断和处理，并将操作流程图画出来。

项目 5：将"项目 1"中的清单和"项目 4"的流程图以共享文档的形式分享到班级 QQ 群中。利用手机或平板电脑拍摄"项目 2"和"项目 3"的操作结果照片，并将其上传到班级的云盘中。

◆ 评价标准

根据项目任务的完成情况，从以下几个方面进行评价，并填写表 1-3。

（1）方案设计的合理性（10 分）。

（2）设备和软件选型的适配性（10 分）。

（3）设备操作的规范性（10 分）。

（4）小组合作的统一性（10分）。

（5）项目实施的完整性（10分）。

（6）技术应用的恰当性（10分）。

（7）项目开展的创新性（20分）。

（8）汇报讲解的流畅性（20分）。

表1-3 评价记录表

序号	评价指标	要求	评分标准	自评	互评	教师评
1	方案设计的合理性（10分）	各小组按照项目内容，对项目进行分解，组内讨论，完成项目的方案设计工作	方案合理，得8～10分； 方案需要优化，得5～7分； 方案不合理，需要重新讨论后设计新方案，得0～4分			
2	设备和软件选型的适配性（10分）	各小组根据方案，对设备和软件进行选择和应用	选择操作简便，应用简单的设备和软件，得8～10分； 满足项目要求，但操作不简便，得5～7分； 重新选择得0～4分			
3	设备操作的规范性（10分）	各小组根据设备和软件的选型进行操作	能够规范操作选型设备和软件，得8～10分； 没有章法，随意操作，得5～7分； 不会操作，胡乱操作，得0～4分			
4	小组合作的统一性（10分）	各小组根据项目执行方案，小组内分工合作，完成项目	分工合作，协同完成，得8～10分； 组内一半人员没有参与项目完成，得5～7分； 一人完成，其他人没有操作，得0～4分			
5	项目实施的完整性（10分）	各小组根据方案，完整实施项目	项目实施，有头有尾，有实施，有测试，有验收，得8～10分； 实施中，遇到问题后项目停止，得5～7分； 实施后，没有向下推进，得0～4分			
6	技术应用的恰当性（10分）	项目实施使用的技术，应当是组内各成员都能够熟练掌握的，而不是仅某一个人或者几个人会应用	实现项目实施的技术全部都会应用，得8～10分； 组内一半人会应用，得5～7分； 只有一个人会应用，得0～4分			
7	项目开展的创新性（20分）	各小组领到项目后，要对项目进行分析，采用创新的手段完成项目，并进行汇报、展示	实施具有创新性，汇报得体，得16～20分； 实施具有创新性，但是汇报不妥当，得10～15分； 没有创新性，没有汇报，得0～9分			
8	汇报讲解的流畅性（20分）	各小组要对项目的完成情况进行汇报、展示	汇报展示使用演示文档，汇报流畅，得16～20分； 没有使用演示文档，汇报流畅，得10～15分； 没有使用演示文档，汇报不流畅，得0～9分			
总　分						

小组成员：＿＿＿＿＿＿＿＿＿＿＿＿＿＿＿＿＿

模块2 小型网络系统搭建

计算机网络技术是将处于不同地理位置的具有独立功能的计算机及其他设备,通过通信链路连接起来的技术,在网络操作系统、网管软件及网络通信协议的管理和协调下,实现资源共享和信息传递。随着网络技术的普及和应用,互联网已经成为人们赖以生存的生活方式,它将个人计算机与网络连接起来,通过信息技术的手段实现网上学习、网上交流等活动。人们可以与远在千里之外的朋友互发邮件、共同完成一项工作、共同娱乐等。因此,作为新时代的中等职业学校学生,通过掌握小型网络系统搭建相关知识和技能,将有助于自身对网络信息技术知识的理解,并能高效使用网络。本模块通过搭建小型局域网络来进行网络系统的设计与构建。

职业背景

随着计算机及互联网技术的发展,现在人们无论是在家还是在工作单位,都有网络可以使用。网络生活已经成为人们的一种生活方式。那么,作为新时代的中职学校学生,该如何组建这样功能齐全的小型网络系统呢?

随着各行业业务系统的发展,对网络使用的需求及规模都在逐步增加,在组建网络的过程中,要考虑的因素也越来越多,如网络规模、传输音视频的带宽需求及网络安全等问题。基于这些方面,掌握搭建小型网络系统的技能尤为重要。

学习目标

1. 知识目标

(1)实现局域网内部的设备接入。

(2)了解网络系统中各设备网络地址的分配方法。

(3)实现局域网内设备接入互联网。

2. 技能目标

（1）根据职业岗位的要求，保质保量地完成小型网络系统的搭建工作。

（2）根据职业岗位的有关特点，对小型网络系统进行搭建和测试。

（3）运用常用网络命令工具对组建的网络进行检查。

（4）培养组建网络系统的技巧和能力。

3. 素养目标

（1）培养遵纪守法、爱岗敬业、讲求时效、细心谨慎、团结协作、爱护设备、尊重知识产权的职业素养。

（2）锻炼团队协作能力。

任务 1　设计公司网络拓扑结构

本任务通过了解网络设备的基本知识，掌握小型网络系统中网络设备的使用方法。通过对需求的分析，设计出公司所使用的网络拓扑结构，进一步掌握小型网络系统拓扑结构的设计流程。

◆　任务描述

某公司由于业务发展需要扩大办公规模，出于对公司网络运营和业务数据的保密考虑，请本公司的网络管理员组建新办公网络环境。由于该公司网管员仅对简单网络搭建有所了解，还不能完全胜任较复杂的网络组建任务，因此，需要先学习网络搭建的相关知识，尤其是局域网中路由器和交换机设备的相关知识，并根据公司网络的基本要求，设计可以适应大访问量的网络拓扑结构。

◆　任务目标

根据任务内容的描述，需要先了解交换机、路由器的基本知识，掌握基本的网络接入方法，据此确定本任务的目标如下：

（1）认识网络系统中的关键硬件设备。

（2）根据网络接入方法，设计适应未来业务发展需要的网络拓扑结构，能支撑更多人员使用更大流量网络负载的需要。

2.1.1 工作流程

1. 认识拓扑结构中的网络设备

（1）交换机。

交换机类似于一台专用的特殊通信主机，包括硬件系统和操作系统。交换机信息转发的核心功能通过 ASIC 芯片来实现，由于采用硬件芯片来转发数据信息，信息在网络中传输的速度很快，尤其星形网络为所连接的两台设备提供一条独享的点到点的链路，避免了冲突的发生，所以能够比集线器更有效地进行数据传输。

虽然不同的交换机产品由不同的硬件设备构成，但组成交换机的基本硬件一般都包括 CPU、RAM、ROM、Flash 等。

交换机的基本功能包括地址的学习、帧转发及过滤、环路避免，其逻辑结构如图 2-1 所示。

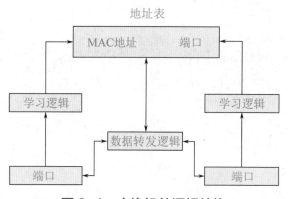

图 2-1　交换机的逻辑结构

在交换机的逻辑结构中，重点是对 MAC 地址表的管理。那么交换机是怎么处理 MAC 地址的呢？交换机地址学习就是基于 MAC 地址的学习，它能够记录所有连接到其端口设备的 MAC 地址，其内部有一张 MAC 地址表。MAC 地址表是标识目的 MAC 地址与交换机端口之间映射关系的表，如图 2-2 所示，该表中存放着所有连接到端口设备的 MAC 地址及相应端口号的映射关系。

当交换机被初始化时，其 MAC 地址表是空的。此时，如果有数据帧到来，交换机就向除了源端口之外的所有端口转发，并把源端口和相应的 MAC 地址记录在 MAC 地址表中。以后每收到一条信息都查看地址表，有记录的就直接转发，没有记录的则把对应信息记录下来。直到连接到交换机上的所有计算机都发送过数据之后，交换机的 MAC 地址表才算最终建立完成。

一台交换机要想正常地工作，还需要进行参数配置，实现对网络的管理。对交换机的管理有两种方式：带外管理和带内管理。

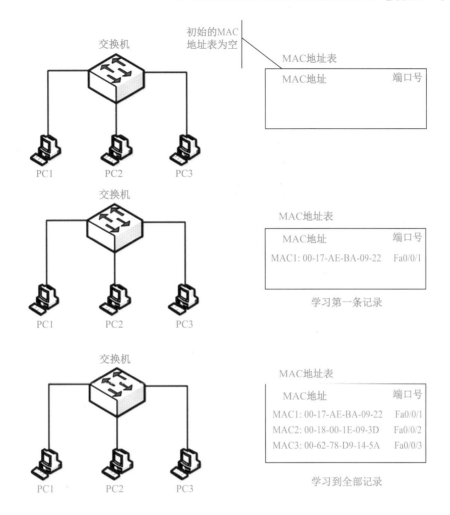

图 2-2　交换机 MAC 地址表的学习过程

带外管理即通过 Console 口进行管理。通常情况下，在首次配置交换机或者无法进行带内管理时，用户会使用带外管理方式。

带内管理是通过 Telnet 程序登录到交换机，或通过远程访问软件对交换机进行配置管理。如果交换机提供带内管理，连接到交换机上的设备将具有管理交换机的功能。当交换机的配置出现更改，或带内管理出现问题时，可以使用带外管理对交换机进行配置管理。

（2）路由器。

互联网有多种接入方式，既包括 ADSL 技术，也有 LAN 接入技术。在此项目中将采用 LAN 接入技术，该技术是将光纤直接接入公司或者办公楼，然后通过网线与各用户的终端相连，为公司员工提供高速上网和其他宽带数据服务。

LAN 接入的特点是传输速率高，网络稳定性好，安装方便，用户端投入成本低。

随着信息技术的迅猛发展，无线上网也成了当下最流行的网络接入技术之一，在企业中也不例外。目前市场上的路由器品牌种类众多，本项目选择带有无线功能的 TP-Link 路由器，实现局域网内的互通互联。

路由器的主要功能是实现路由选择和流量控制。对于普通用户来说，只需要按照说明书安装和使用即可。但作为学习信息技术课程的学生，需要了解并掌握路由器的基本工作原理，如图 2-3 所示。

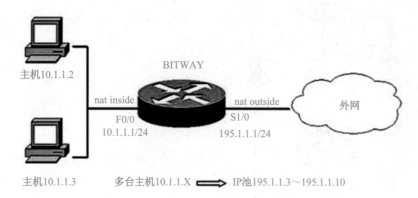

图 2-3　路由器地址转换的基本过程

路由器处于内部局域网和外网的连接处，当内部计算机向外部网络发送数据时，数据报将通过无线路由器。NAT 进程会查看报头内容，判断该数据报是发送给内部网络还是外部网络，如果是发送给外部网络，它会将数据报的源地址字段的私有 IP 地址转换成公网 IP 地址，并将该数据报发送到外部服务器，同时在网络地址转换表中记录这一映射关系。外部网络给内部网络计算机发送应答数据报文时，到达无线路由器后，NAT 进程再次查看报头内容，然后查找当前网络地址转换表的记录，用原来的内部网络计算机的 IP 地址进行替换。

2. 网络拓扑结构

根据基础模块所学知识，为满足公司发展需要，可以将公司未来发展的网络拓扑结构设计成如图 2-4 所示的结构，在这个网络系统中，有路由器（带无线功能）、交换机、网线、PC、笔记本电脑等设备。

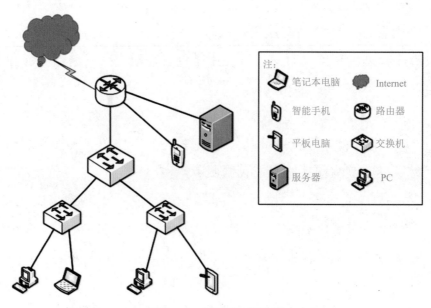

图 2-4　网络拓扑结构

2.1.2　知识与技能

根据公司业务访问量、人员规模、带宽需求、访问控制权限等，合理选择满足需求的网络设备，设计网络拓扑结构，组建网络。

任务 2　划分 IP 地址与计算子网掩码

本节通过了解 IP 地址的分类，掌握 IP 地址的划分技巧；通过对公司业务发展的分析，设计出公司所使用的 IP 地址分段网络，进一步了解 IP 地址划分方法及子网掩码计算流程。

◆　**任务描述**

根据任务要求，网络管理员还需要掌握基本的网络 IP 地址划分技术。对公司商业机密要求高的服务器等设备要进行网络隔离，对多个部门能否互访要进行权限控制，这些都可以通过划分子网的方法来解决。

◆　**任务目标**

根据任务内容的描述，需要先了解 IP 地址的分类；通过 IP 地址的划分及计算方法，可以设计各个部门使用的子网网段及子网掩码。据此确定本任务的目标如下：

（1）了解 IP 地址的分类。

（2）掌握 IP 地址划分及子网掩码计算的方法。

（3）根据网络安全的要求，能设计出各部门使用的子网 IP 地址段及子网掩码。

2.2.1　工作流程

1. IP 地址分类

由于网络中计算机的数量不同，按照网络规模的大小，把 32 位地址信息（此处以 IPv4 为例）划分为 5 类，分别为 A 类、B 类、C 类、D 类和 E 类，见表 2-1。

表 2-1　IP 地址的分类

IP 地址类型	IP 地址范围
A 类	1.0.0.0～126.255.255.255
B 类	128.0.0.0～191.255.255.255
C 类	192.0.0.0～223.255.255.255
D 类	224.0.0.0～239.255.255.255
E 类	240.0.0.0～255.255.255.255

（1）A 类 IP 地址。

如果用二进制表示 IP 地址的话，A 类 IP 地址就是由 1 字节的网络地址和 3 字节的主机地址组成的，网络地址的最高位必须是 0。A 类 IP 地址中的网络标识长度为 7 位，主机标识长度为 24 位。A 类网络地址数量较少，可以用于主机数达 $2^{24}-2$ 台的大型网络。

（2）B 类 IP 地址。

B 类 IP 地址是由 2 字节的网络地址和 2 字节的主机地址组成的，网络地址的前两位必须是二进制的 10。B 类 IP 地址中的网络标识长度为 14 位，主机标识长度为 16 位。B 类网络地址适用于中等规模的网络，每个网络所能容纳的计算机数为 $2^{16}-2$ 台。

（3）C 类 IP 地址。

C 类 IP 地址是由 3 字节的网络地址和 1 字节的主机地址组成的，网络地址的前三位必须是二进制的 110。C 类 IP 地址中网络标识长度为 21 位，而主机标识长度为 8 位。C 类 IP 地址中，网络地址数量众多，比较适合于小规模的局域网，每个网络最多只能包含 2^8-2 台计算机。

（4）D 类 IP 地址。

D 类 IP 地址是保留地址，用于组播。

（5）E 类 IP 地址。

E 类 IP 地址是保留地址，用于实验。

2. 私有 IP 地址

私有 IP 地址是国际互联网代理成员管理局在 IP 地址范围中将部分 IP 地址保留，作为私有 IP 地址或者专门用于内部局域网的 IP 地址。

私有 IP 地址主要用于局域网，在 Internet 上是无效的。私有 IP 地址的划分范围如下。

A 类：10.0.0.0～10.255.255.255；

B 类：172.16.0.0～172.31.255.255；

C 类：192.168.0.0～192.168.255.255。

以上 3 个网段的 IP 地址不会在互联网上进行分配，可根据公司内部网络规模的需求，直接应用于公司内部网络。

3. IP 地址规划与子网掩码计算

IP 地址的规划主要是为了减少 IP 地址的浪费。如果不能合理地对 IP 地址进行规划，就会浪费很多 IP 地址。那么，让我们先确定企业内部子网数量及每个子网内的主机数，然后通过计算子网掩码的方法来进行 IP 地址划分。

（1）将子网数转换成二进制数表示。

（2）取出该二进制数的位数为 N。

（3）取出该 IP 地址的子网掩码，将其主机地址部分的前 N 位置 1，即可得到 IP 地址划分子网的子网掩码。

例如，将一个 C 类 IP 地址 192.16.5.0 划分成 5 个子网。

（1）$5 = (101)_2$。

（2）该二进制数为 3 位数，$N = 3$。

（3）将 C 类 IP 地址的子网掩码 255.255.255.0 的主机地址前 3 位置 1，后面全部置 0，也就是拿出 3 位标识网络，转成为 255.255.255.224，即划分为 5 个子网的 C 类 IP 地址的子网掩码。

2.2.2　知识与技能

1．IP 地址的分类

按照网络规模的大小，IP 地址可以分为 A 类、B 类、C 类、D 类、E 类共 5 类。本节要求能够熟悉各类 IP 地址中有几位表示网络地址、几位表示主机地址，以及网络数量和主机数量的表示方法。

2．利用 IP 地址的点分十进制表示方法进行子网掩码的计算

随着公司业务的发展，各部门在访问公司内部资源时，或多或少都会存在访问权限问题。有效地控制部门的访问控制权限，可以通过合理设计子网及分配 IP 地址来解决；还可以通过使用主机位来计算出子网数量及主机数量，做到局域网内子网间的网络隔离。

任务 3　小型网络系统的搭建

根据对网络权限分配的不同要求，在搭建小型网络系统时需要注意多个技术点。首先要了解不同的网络连接方式，明白不同接头的网线何时使用。在对每个部门的访问权限进行分析后，合理配置路由器的访问控制功能。另外，为了方便笔记本电脑连接网络，还需掌握 DHCP 的配置过程及使用方法。

◆　**任务描述**

通过 IP 地址划分的子网可实现对各部门访问权限的控制。在网络实施过程中，正确使用网线及配置出口路由器参数等，才能达到上述对访问控制设想的要求。

◆　**任务目标**

根据任务内容的描述，需要先了解不同的网络连接方式；通过配置路由器及网络权限控制，

来实现各部门内计算机的互联网访问。因此，本任务目标分解如下：

（1）正确使用不同连接方式的网线。

（2）掌握路由器、IP 地址配置及子网掩码划分对网络权限的控制。

（3）掌握 DHCP 配置过程和使用方法。

2.3.1　工作流程

1. 连接网线

网线制作完成后，开始连接网络。这项工作比较简单，只需要把网线两端的水晶头分别插到计算机的网卡插口和交换机插口即可，如图 2-5 所示。

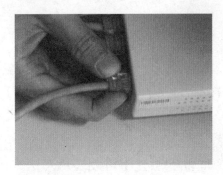

图 2-5　水晶头连接

这里主要采用星形结构连接，必须将一端接到需要连入网络的计算机，而另一端接到交换机上，如图 2-6 所示。从图 2-6 中可以看出，交换机上的每一根网线都对应一台连入网络的计算机。

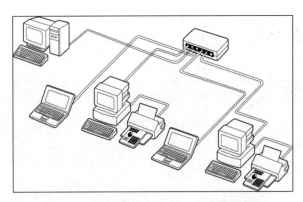

图 2-6　交换机与计算机的连接效果

2. 路由器及 IP 地址配置

在笔记本电脑桌面的右下角，单击"无线网络"图标，然后得到无线网络的连接界面，如图 2-7 所示，在界面中选择需要连接的无线网络。

双击要加入的 SSID，然后输入无线网络密码。连接成功后，即可通过浏览器访问无线路由器的配置界面。

打开浏览器，输入 192.168.1.1，输入用户名和密码（如图 2-8 所示），此时的用户名和密码都是默认值，登录后的界面如图 2-9 所示。

图 2-7　无线网络连接　　　　　　　　图 2-8　路由器登录界面

图 2-9　路由器登录后的界面

通过"设置向导"进行下一步操作，根据提示，选择所需的上网方式，如图 2-10 所示。目前主流的家庭上网为 PPPoE 方式，此处假设公司申请了专线，因此选择"静态 IP"选项。

通过单击"下一步"按钮，进入公网 IP 地址配置界面，如图 2-11 所示。

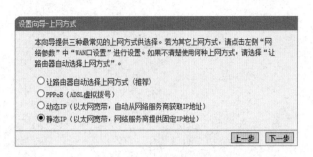

图 2-10　上网方式选择

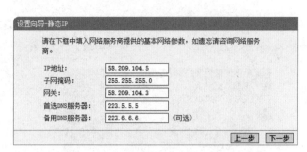

图 2-11　公网 IP 地址配置界面

在完成了宽带设置后，单击"下一步"按钮，进入无线设置向导（如图 2-12 所示），在该页面上，首先设置 SSID 标识符，也就是给无线网络取个名字。如果所处的环境中无线网络较多，可以设置一个容易识别的名字。

在如图 2-12 所示界面中，最好使用"无线安全选项"，防止未经授权的用户使用该无线网络。

完成加密设置后，单击"下一步"按钮，路由器基本配置完成，并提示重启路由器。等待路由器启动后，再次登录无线路由器，配置 DHCP（动态主机配置协议）服务。

在同一个网络中，如果有两台以上的计算机使用相同的 IP 地址，就会产生 IP 地址冲突。一旦发生 IP 地址冲突，便会给使用网络资源的用户带来不便，甚至使其无法正常使用网络。这主要是由于 IP 地址分配不当及管理不善造成的。随着公司规模的扩大，网络规模也在增大，分别给每台计算机分配和设置 IP 地址、子网掩码、网关等也是一项庞大的工作。

引入 DHCP 服务可以避免手动分配 IP 地址的麻烦。在局域网中，启用 DHCP 服务后，当有计算机连接到内部网络时，便可以自动获取局域网 IP 地址，实现网络的互联。DHCP 服务器的主要功能是为主机分配和管理 IP 地址，其基本工作过程如图 2-13 所示。

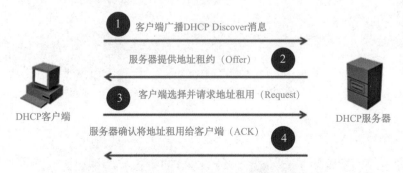

图 2-13　DHCP 服务器的基本工作过程

DHCP 服务的工作原理如下：

（1）主机发送 DHCP Discover 报文，在网络上寻找 DHCP 服务器。

（2）DHCP 服务器向主机发送地址租约数据包，包含 IP、MAC 地址、域名信息等。

（3）主机发送请求广播，正式向服务器请求分配已提供的 IP 地址。

（4）DHCP 服务器向主机发送 ACK 包，确认主机的请求。

DHCP 服务通过以上 4 步来确保客户端计算机获取正确的且未分配的 IP 地址。尤其在现在无线网络使用越来越普遍的情况下，应用 DHCP 服务可以带来如下好处：

（1）降低网络接入成本。

（2）简化配置任务，降低网络建设成本。采用动态地址分配，极大简化了设备配置。

（3）集中化管理。在对几个子网进行配置管理时，有任何配置参数的变动，只需要修改和更新 DHCP 服务的配置即可。

在路由器界面上，单击"DHCP 服务器"选项，可以进行 DHCP 服务的配置，如图 2-14 所示。

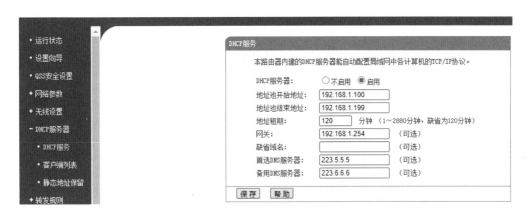

图 2-14　DHCP 服务配置界面

选中"启用"单选钮，使用 DHCP 服务器配置 IP 地址池的开始地址和结束地址，同时也要配置网关及 DNS 等信息，然后保存返回。

3. 配置计算机的 IP 地址

（1）网络连接完成后，可以通过配置路由器上的 DHCP 功能实现计算机自动获取 IP 地址池中的 IP 地址，这个过程相对比较简单。也可以通过手动配置，为计算机分配指定的 IP 地址及子网掩码。

（2）如图 2-15 所示，单击"网络和 Internet"选项。在"查看网络状态和任务"窗口中，右击"以太网"选项，在弹出的快捷菜单中选择"属性"命令，如图 2-16 所示，打开本地连接属性窗口。

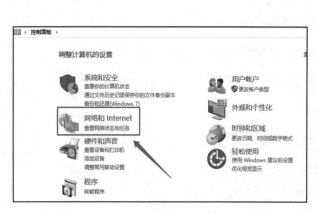

图 2-15　"网络和 Internet"选项　　　　图 2-16　快捷菜单中的"属性"命令

（3）在"以太网 属性"对话框中选中"Internet 协议版本 4（TCP/IPv4）"选项，并单击其下方的"属性"按钮，如图 2-17 所示。

（4）在弹出的"Internet 协议版本 4（TCP/IPv4）属性"窗口的"常规"选项卡中选择"使用下面的 IP 地址"选项，此时 IP 地址栏和子网掩码栏从灰色变为白色，从而可以在其后面的文本框中输入相应的 IP 地址和子网掩码，如图 2-18 所示。

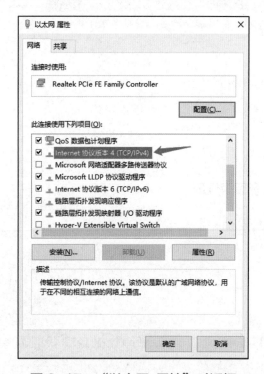
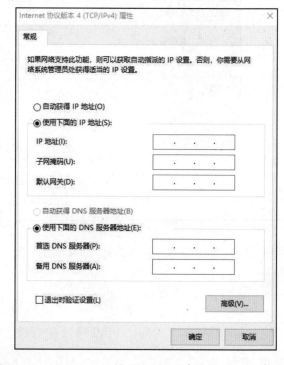

图 2-17　"以太网 属性"对话框　　　　图 2-18　Internet 协议版本 4（TCP/IPv4）属性

在小型网络中，IP 地址一般采用 C 类 IP 地址，如 192.168.1.2，子网掩码可以采用默认的掩码，即 255.255.255.0。在设置完成后，单击"确定"按钮即可，如图 2-19 所示。

另外，特殊含义的地址配置方法如下：

（1）TCP/IP 协议规定，主机部分全为 1 的 IP 地址用于广播，如 193.6.15.255 就是 C 类地址中的一个广播地址，将信息送到此地址，就是将信息送给网络地址为 193.6.15.0 的所有主机。

（2）A 类地址的第一段为 127，是一个保留地址，用于网络测试和本机的进程间通信，称为回送地址。例如，127.0.0.1 就是表示本机的 IP 回送地址。

（3）主机地址全为"0"的网络地址被解释为"本"网络，如 192.168.1.0。

这些有特殊含义的 IP 地址在设置计算机 IP 地址时禁止使用。

4．子网掩码分组限制访问

在子网划分中，需要使用子网掩码进一步区分主机 IP 地址属于哪个子网，以及能否实现通信。接下来进行子网掩码作用的验证。

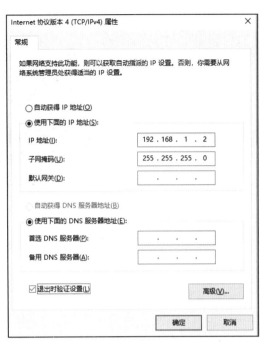

图 2-19　设置 IP 地址

设置主机 A 的 IP 地址为 192.168.1.2，如图 2-20 所示。

设置主机 B 的 IP 地址为 192.168.1.1，如图 2-21 所示。

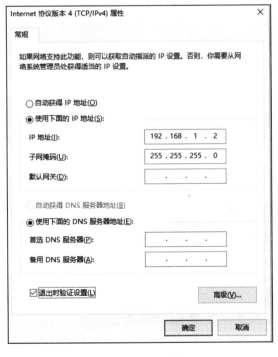

图 2-20　主机 A 的 IP 地址配置界面 1

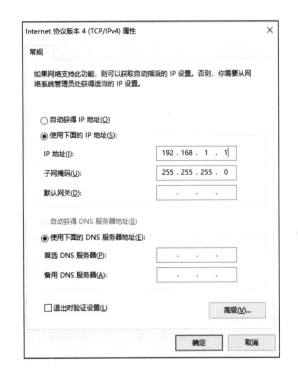

图 2-21　主机 B 的 IP 地址配置界面 1

在主机 A 的命令行提示符下，ping 主机 B 的 IP 地址，如图 2-22 所示，两台主机互通。

接下来更改主机 B 的子网掩码为 255.255.255.224，主机 A 和主机 B 的 IP 地址配置分别如图 2-23 和图 2-24 所示。

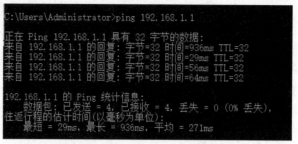

图 2-22　ping 测试结果 1

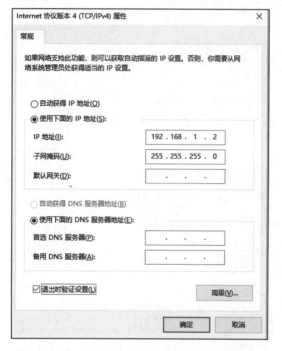

图 2-23　主机 A 的 IP 地址配置界面 2

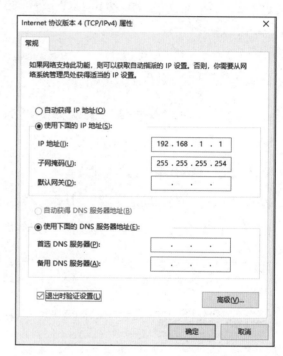

图 2-24　主机 B 的 IP 地址配置界面 2

修改完主机 A、主机 B 的 IP 地址后，在主机 A 的命令行提示符下，ping 主机 B 的 IP 地址，如图 2-25 所示，主机 B 不可达（192.168.1.254 为主机 A 的默认网关）。

图 2-25　ping 测试结果 2

在 IP 地址不变的情况下，扩大子网掩码适用的范围，也能实现网络的互通。先分别设置主机 A、主机 B 的 IP 地址及子网掩码，如图 2-26 和图 2-27 所示；然后使用 ping 命令进行测试，如图 2-28 所示。

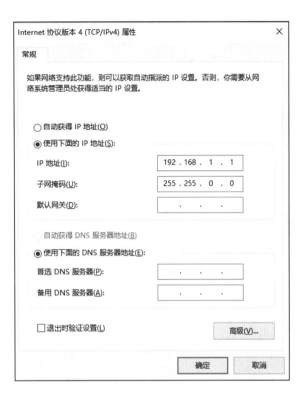

图 2-26　主机 A 的 IP 地址配置界面 3　　　　图 2-27　主机 B 的 IP 地址配置界面 3

图 2-28　ping 测试结果 3

两台主机可以实现相互访问。根据子网掩码的验证过程可以判断：当子网掩码扩大范围时，在局域网内即使做了子网的划分，计算机配置好 IP 地址后，也能互相访问。但要精确配置 IP 地址及子网掩码，不然就会造成主机不可达，无法相互访问。

2.3.2　知识与技能

1. 正确连接网线

常见的水晶头线序有两种（分别采用 T568A 和 T568B 标准），网线也因使用情况不同而分为两种：直通线（两端水晶头线序相同）和交叉线（两端水晶头线序不同）。相同设备之间连接使用交叉线，不同设备之间连接则使用直通线。

2. 配置路由器及 IP 地址

掌握路由器配置的方法，合理设置 IP 地址资源池。通过对子网的划分和子网掩码的使用，有效控制局域网内不同部门间网络的访问权限。通过对无线功能的配置，掌握无线网络使用过程中的安全技术。

任务 4　常用网络测试命令

任何网络工程在实施完毕后，都需要进行主机与路由器、主机与交换机之间的连接测试。通过掌握 ping、ipconfig 命令的使用方法，可以进一步了解网络配置及通断情况。

◆　任务描述

通过对路由器的配置及网线的连接，可以实现局域网范围内主机的互通。在实际网络实施过程中，正确配置主机和路由器的 IP 地址及正确使用网线后，才能使主机之间实现互联互通。

◆　任务目标

根据任务内容的描述，需要先了解 ping、ipconfig 命令的使用方法；通过 ping 等命令的操作过程，分析本主机与路由器之间的互通情况。据此确定本任务目标分解如下：

（1）掌握 ping 命令使用方法。

（2）使用 ipconfig 命令查看详细的网络配置。

2.4.1　工作流程

1. ping 命令

ping 命令是测试网络连接状况及查看信息包发送和接收状况非常有用的工具，是网络测试中最常用的命令。ping 命令向目标主机（地址）发送一个回送请求数据包，要求目标主机收到请求后给予答复，从而判断网络的响应时间和本机是否与目标主机（地址）连通。

如果执行 ping 命令不成功，则可以预测故障出现的原因。故障原因主要考虑以下几个方面：网线故障、网络适配器（网卡）配置不正确、IP 地址配置错误。如果执行 ping 命令成功而网络仍无法使用，那么问题很可能出在网络系统的软件配置方面。ping 命令执行成功只是保证了本机与目标主机间存在一条连通的物理路径。

命令格式：

$$ping \quad IP\ 地址或主机名\ [\text{-t}]\ [\text{-a}]\ [\text{-}n\ count]\ [\text{-l size}]$$

参数含义：

-t：不停地向目标主机发送数据；

-a：以 IP 地址格式来显示目标主机的网络地址；

-*n* count：指定要 ping 多少次，具体次数由 count 来指定；

-l size：指定发送到目标主机的数据包的大小。

例如，需检查本机和网关 192.168.3.1 是否连通，则可以使用命令“ping　192.168.3.1”，如图 2-29 所示。

```
C:\Documents and Settings\fq>ping 192.168.3.1

Pinging 192.168.3.1 with 32 bytes of data:

Reply from 192.168.3.1: bytes=32 time=3ms TTL=64
Reply from 192.168.3.1: bytes=32 time=3ms TTL=64
Reply from 192.168.3.1: bytes=32 time=3ms TTL=64
Reply from 192.168.3.1: bytes=32 time=4ms TTL=64

Ping statistics for 192.168.3.1:
    Packets: Sent = 4, Received = 4, Lost = 0 (0% loss),
Approximate round trip times in milli-seconds:
    Minimum = 3ms, Maximum = 4ms, Average = 3ms

C:\Documents and Settings\fq>_
```

图 2-29　ping 命令的使用

当你的计算机不能访问 Internet 时，首先确认是否为本地局域网的故障。假定局域网的公网 IP 地址为 202.168.0.1，则可以使用“ping 202.168.0.1”命令来查看本机是否与外网连通。

2．ipconfig 命令

ipconfig 命令以窗口的形式显示 IP 协议的具体配置信息，包括网络适配器的物理地址、主机的 IP 地址、子网掩码及默认网关等，还可以查看主机名、DNS 服务器、节点类型等相关信息。其中，网络适配器的物理地址在检测网络错误时非常有用。

命令格式：

ipconfig　[/?] [/all]

参数含义：

/?：显示帮助信息；

/all：显示所有的有关 IP 地址的配置信息；

/renew_ all：复位所有网络适配器；

/release_all：释放所有网络适配器；

/renew *N* 复位网络适配器 *N*；

/release *N*：释放网络适配器 *N*。

使用 ipconfig 命令查看本机的网络连接信息界面如图 2-30 所示。

可以通过“ipconfig /all”命令查看本机网络连接的更详细的说明，包括网卡的 MAC 地址。

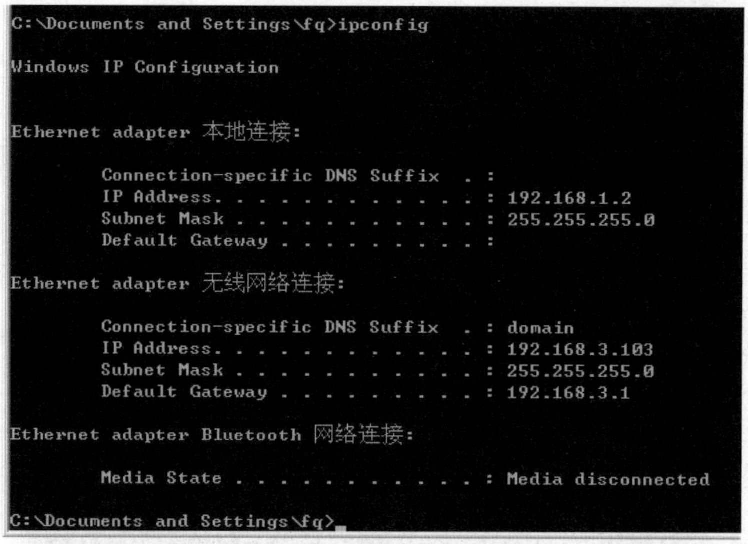

```
C:\Documents and Settings\fq>ipconfig

Windows IP Configuration

Ethernet adapter 本地连接:

        Connection-specific DNS Suffix  . :
        IP Address. . . . . . . . . . . . : 192.168.1.2
        Subnet Mask . . . . . . . . . . . : 255.255.255.0
        Default Gateway . . . . . . . . . :

Ethernet adapter 无线网络连接:

        Connection-specific DNS Suffix  . : domain
        IP Address. . . . . . . . . . . . : 192.168.3.103
        Subnet Mask . . . . . . . . . . . : 255.255.255.0
        Default Gateway . . . . . . . . . : 192.168.3.1

Ethernet adapter Bluetooth 网络连接:

        Media State . . . . . . . . . . . : Media disconnected

C:\Documents and Settings\fq>
```

图 2-30　使用 ipconfig 命令查看本机的网络连接信息

2.4.2　知识与技能

1. ping 命令应用

ping 是用于检测网络链路状态是否正常的命令，可以测试本地回路，也可以测试本地系统到达其他主机或者子网的访问控制情况。因此，一般网络管理员在配置完网络后，都会使用 ping 命令来简单测试一下网络，以便判断网络是否有问题。

2. ipconfig 命令应用

ipconfig 命令用于获取配置后的网络信息，便于清晰了解网络配置参数的数值。要进行网络检测或者故障排除，需提供必要的配置信息。

任务5　启用防火墙功能

防火墙是防护被入侵、保障内部网络和数据安全的一种手段，几乎每个网络设备都具有该功能，并在网络系统中普遍配置和应用。通过掌握路由器和主机系统的防火墙功能配置方法，进一步了解网络系统安全的防护流程。

◆　任务描述

小型网络系统搭建完毕，经过连接、配置测试后，已经可以实现对互联网的访问。在现实情况下，网络安全问题是每个企业必须重视的问题，来自互联网的病毒、黑客攻击时刻都有可能造成业务系统的瘫痪、内部资料的丢失等，因此，需要加强网络安全防护功能。

◆　**任务目标**

根据任务内容的描述,首先需要提升工作人员的网络安全意识,做到不浏览不必要的网站,不访问陌生的弹框广告;除此之外,还要从技术的角度来加固设备防护。本节的任务目标分解如下:

(1)掌握路由器防火墙配置方法。

(2)掌握 Windows 系统自带防火墙的配置方法。

2.5.1　工作流程

1. 配置路由器的防火墙

用浏览器打开路由器的登录界面,输入账号、密码,在左边菜单栏找到"安全功能"菜单,如图 2-31 所示。

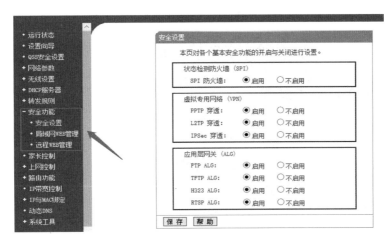

图 2-31　"安全功能"菜单

单击"安全设置"选项后,可以看到"状态检测防火墙"等信息,选择"启用"选项并保存。

同时,还可以配置"局域网 Web 管理",即设置局域网 Web 管理权限,如图 2-32 所示。

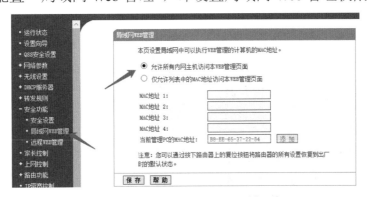

图 2-32　设置局域网 Web 管理权限

如果想在公司外也能配置该无线路由器，可以选择配置"远程 Web 管理"权限，如图 2-33 所示。

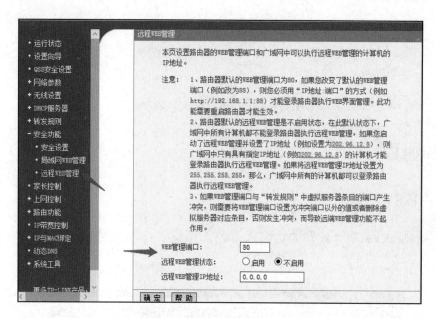

图 2-33　配置远程 Web 管理权限

2. 配置 Windows 系统的防火墙

（1）打开"控制面板"，单击"Windows Defender 防火墙"选项，如图 2-34 所示。

图 2-34　控制面板

（2）选择"启用或关闭 Windows Defender 防火墙"选项，如图 2-35 所示。

（3）在"自定义各类网络的设置"页面，可设置启用或关闭 Windows 系统的防火墙，如图 2-36 所示。

图 2-35　启用或关闭 Windows Defender 防火墙

图 2-36　设置 Windows 系统的防火墙

2.5.2　知识与技能

网络安全技术关乎着网络上电子数据的安全。其中，防火墙是常见的网络安全技术之一。防火墙是将局域网和外网分开的系统，可限制被保护的内网与外网之间信息存取和交换的操作。通过有效地配置防火墙，能够很好地保护内网的数据安全，也能控制用户对外网的访问，从而提高内网的安全性。

任务 6　对外提供网络服务

对外网络服务是一个组织或者公司提供的用于让人们了解自身产品或者服务范围的互联网应用，也是互联网存在的意义所在。通过了解网络地址转换技术（Network Address

Translation，NAT），可以知道从内部网络到外部网络的实现过程；通过对路由器等设备的对外服务配置，能进一步了解实现对外网络服务的技术流程。

◆ **任务描述**

对整个网络系统加固完毕后，可以在路由器上配置其服务器的隔离策略，使访问业务系统时更加安全。现在公司有一个业务系统需要对外提供访问服务，作为公司的网管员应该如何配置设备并提供系统服务呢？

◆ **任务目标**

根据任务的描述，需要先了解对外提供服务的网络地址转换技术，通过网络地址转换，实现内部服务器 IP 地址到外网 IP 地址的网络端口映射。据此确定本任务目标分解如下：

（1）了解 NAT 网络地址转换原理。

（2）掌握在路由器上配置对外网络服务的方法。

2.6.1 工作流程

1. 了解 NAT 工作原理

所谓 NAT，即网络地址转换技术，也就是将内部网络的一个 IP 地址映射到外网的实现方式，将 IP 数据包头中的 IP 地址转换成外网 IP 地址的过程。在实际应用中，NAT 主要用于实现私有网络访问公网的功能。这种通过使用少量的公网 IP 地址代表较多私有 IP 地址的方式，有利于解决公网 IP 地址不足的问题。

NAT 的实现方式有 3 种：静态转换、动态转换及端口多路复用。

（1）静态转换。

静态转换是指将内部网络中的私有 IP 地址转换成公网 IP 地址，IP 地址是一对一的关系，且以后也不会发生改变，某个私有 IP 地址只能转换成对应的公网 IP 地址。借助于静态转换，可以实现外部网络对内部网络的访问。

（2）动态转换。

动态转换是指将内部网络的私有 IP 地址转换为公网 IP 地址时，采用动态方式，也就是 IP 地址是不确定的、随机产生。也就是说，只要指定哪些内部 IP 地址可以进行转换，以及用几个公网 IP 地址进行转换，就可以进行动态转换。动态转换时，使用的是地址资源池。例如，访问百度时，就是使用的多台内部服务器映射到多个外网 IP 地址的实现。

（3）端口多路复用。

该实现方式是指改变外出数据包的源端口并进行端口转换，即端口地址转换（PAT），该实现方式比较适合只有少量公网 IP 地址的情况。因此，内部网络中的所有主机均可以共享合法的外网 IP 地址，从而可以最大限度地节约 IP 地址资源。同时，又可以隐藏内部网络中的计算机，有效避免来自互联网的攻击。因此，目前大多数网络服务都采用这种方式。

2. 配置路由器上的 NAT 服务

通过 NAT 可轻松配置网络，提供互联网服务。合理地对公司路由器配置这种虚拟服务，才能高效、安全地提供网络服务。它有以下两种实现方式。

（1）静态转换，如图 2-37 所示。

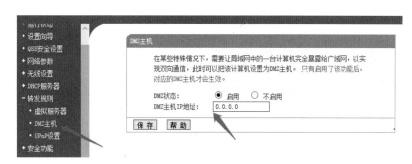

图 2-37　静态转换

根据主机配置提示，即可简单配置静态转换服务。

（2）端口多路复用，如图 2-38 所示。

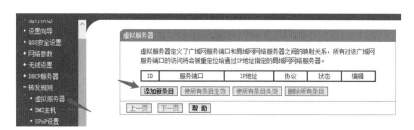

图 2-38　端口多路复用

在"虚拟服务器"界面上，单击"添加新条目"选项，可以根据公司需要添加映射条目，详细配置映射的端口号、IP 地址及该端口提供的服务协议等，如图 2-39 所示。

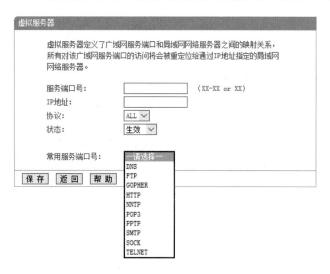

图 2-39　添加映射条目

2.6.2　知识与技能

端口映射是 NAT 的一种，它将内部主机的 IP 地址的一个端口映射到外网对应的 IP 地址和端口上，提供相应的服务。当用户访问该外网 IP 地址的这个端口时，服务器自动将该请求映射到对应局域网内部的 IP 地址上。

任务 7　局域网内打印机的共享

在局域网中可以实现文件共享、远程协助等服务，打印服务也是其中一种。通过了解打印服务，可以实现没有互访权限的部门之间的交流；对打印服务的配置，能进一步解决网络权限分配上的障碍。

◆　**任务描述**

公司有了内部网络，可以实现部门之间材料的共享，而不用打印即可浏览，大大提升了工作效率。作为无纸化办公企业，偶尔也需要纸质材料的传阅，如公司制度、业务标准等。所以，在公司网络中，正确配置打印机，实现打印机共享非常有用。

◆　**任务目标**

通过对打印机共享功能的配置，让局域网中的各主机都能访问该打印机，提供打印服务。

2.7.1　工作流程

小华家有一台台式计算机、两台笔记本电脑和一台激光打印机，为了能够让这三台计算机共享这台打印机，现在用小型交换机（或路由器）将它们连接起来，形成一个局域网。

打印机共享设置方法如下。

（1）在安装打印机的计算机上把打印机设为共享，其操作步骤如下：

选择"开始"→"设置"→"设备"→"打印机和扫描仪"选项，单击安装好的打印机→"管理"→"打印机属性"选项，在打印机属性的"共享"选项卡中选择"共享这台打印机"复选框，如图 2-40 和图 2-41 所示。

（2）查看共享打印的计算机与当前计算机是否在同一个工作组，其方法如下：

右击"此电脑"→"属性"→"更改设置"选项，如果共享打印的计算机与当前计算机不在同一工作组，就要设定为同一个工作组，如 WorkGroup，如图 2-42 所示。

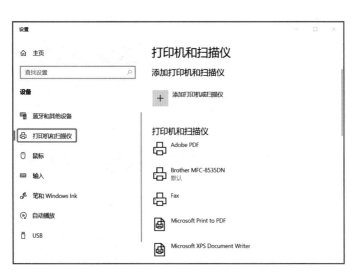

图 2-40　"打印机和扫描仪"选项

图 2-41　"共享打印机"选项卡

图 2-42　设置计算机名和工作组

（3）右击"此电脑"→"属性"选项，进入"控制面板"，单击"设备和打印机"选项，即可查看共享打印机，如图 2-43 和图 2-44 所示。

（4）在其他计算机上添加共享的打印机，其方法如下：

按【Win+R】组合键，输入共享打印机的计算机 IP 地址（如"\\10.3.28.244"），回车后即可看到共享的打印机。双击该打印机，即可将其添加为本机打印机，如图 2-45 所示。

图 2-43 "设备和打印机"选项

图 2-44 查看共享打印机

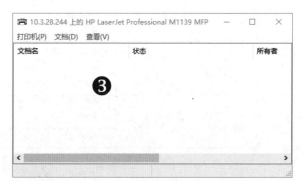

图 2-45 添加共享打印机

2.7.2 知识与技能

在局域网中共享打印机能方便联网主机进行资料打印，这是局域网必备功能之一。通过合理配置共享打印机的访问权限，能有效控制局域网中对打印机的使用权限，从而提升打印机的使用效率。

任务 8　局域网中环境检测器的应用

随着互联网技术的发展，人们的网络生活逐渐进入物联网时代，展现出物-物相连、人-物互通的智能景象。从目前的应用来看，物联网技术主要应用在物流、交通、安防、能源、医疗、建筑、制造、家居、零售和农业等领域。作为企业，在公司内部实现对办公环境的监控、检测等功能已是必然趋势。这些物联网模块在企业中的使用，正体现了物联网技术在智能家居领域的应用。

◆　**任务描述**

公司有了内部网络，可以实现对办公环境的监控，检测设备的联网情况等，而不用人工配置办公环境中电器设备的参数等，同时可大大提高办公环境的管理效率，同时也能提升办公环境的安全性和舒适性，既能改善了办公环境的质量，也能节约能源。

◆　**任务目标**

通过在公司内部部署和配置环境监测设备，通过无线网络控制办公环境中的温度和湿度。

2.8.1　工作流程

为了让所有员工能在一个比较舒适的环境里工作，作为公司网络管理员的小华采购了一些温湿度监测设备对环境的温度、湿度进行监测。具体设置如下：

（1）用手机或者 Pad 连接无线局域网，如图 2-46 所示。

（2）在应用商城里下载"米家"App，如图 2-47 所示。

图 2-46　连接无线局域网

图 2-47　下载"米家"App

（3）注册账号后登录，可以在登录界面扫描设备进行自动连接，如图 2-48 所示。在图 2-48 中可以看到，除了温湿度监测设备，还有其他智能家居设备可以联网，如扫地机器人、照明、厨房电器、摄像机等。

图 2-48　扫描设备

（4）设备添加完成后，可以在"米家"App 上查看新添加的设备，如图 2-49 所示。

（5）单击"温湿度传感器"按钮，可以了解室内当前一段时间内的温湿度变化情况，如图 2-50 所示。

（6）单击图 2-50 中"温湿度传感器"标题右侧的图标，可以对该温湿度传感器进行参数设定，如图 2-51 所示。

图 2-49　查看新添加的
"温湿度传感器"　　图 2-50　温湿度变化情况图　　图 2-51　"温湿度传感器"
参数设置

2.8.2　知识与技能

温湿度传感器是智能家居中物联网技术应用的一种形式,它对室内环境的温度、湿度进行监测,可提高生活、工作环境的舒适度。在企业内部还可以增加电源开关、照明、安防等物联网设备来提升办公环境的智能化,进一步节约能源和增强办公安全性。

任务 9　部署私有云盘及实现云应用

文件资料共享是每个企业必备的应用之一,现在仍有很多人使用 U 盘进行资料的共享。但对于公司内部大量的资料访问,要想实现其可控管理,必须采用可行的文件共享系统实现对文件资料的存储、管理与协同编辑。现有实现文件共享的系统包括公有云盘(如百度云盘、腾讯云盘等)和私有云盘(如 Seafile 等)两类。考虑到文件资料的安全性,大多数企业会在公司内部部署私有云盘系统,以实现对企业文件资料的管控。

◆　任务描述

某公司由于业务发展壮大,各个部门的电子文件资料越来越多,公司会议讨论:如果把所有资料放在外网的公有云盘上,不仅非常不安全,而且难以管理。公司决定部署自己的私有云盘,既能对资料进行统一管控,也能实现内部的资料共享访问。公司高管找到网络管理员小华,让他想办法实现这样的需求。

◆　任务目标

根据任务内容的描述,需要先对私有云盘系统进行选型,然后掌握这款私有云盘的搭建方法。据此确定本任务的目标如下:

(1)对多款私有云盘系统的进行对比并选型。

(2)部署适应公司业务需求的私有云盘系统并进行相应的配置。

2.9.1　工作流程

1. 对比多款私有云盘系统

越来越多的企业选择在公司内部部署私有云盘系统,以实现对企业资料的管理与共享。在众多私有云盘系统中做出选择,成为每个网络管理员必须解决的事情,只有了解了公司本身的业务需求及长期规划才能选择出适合本企业的云盘系统。表 2-2 列出了 3 款私有云盘的特点。

表 2-2　3 款私有云盘的特点

特点	Seafile	Nextcloud	ownCloud
是否开源	是	是	是
系统架构	中心化架构	中心化架构	中心化架构
数据冗余	多副本	多副本	多副本
多平台	麒麟系统、Windows、Mac、Linux、Harmony OS、iOS、Android，免费，有独立 App	Windows、Mac、iOS、Android，部分收费，有独立 App	只有 Web 端页面
团队协作	支持	支持	支持

通过表 2-2 中 3 款私有云盘系统特点的对比，Seafile 的功能及适用范围等更强一些，根据企业的业务需求，小华选择 Seafile 来部署私有云盘。

2. 部署私有云盘

Seafile 作为一款开源的企业云盘，不仅注重可靠性和性能，还支持文件同步，每个资料库可选择性地同步到任意设备，可靠、高效的文件同步能提高工作效率；团队内部也可通过共享文件到群组，进行权限管理、版本控制、事件通知，让协作更为流畅；同时还融合了 Wiki 与网盘的功能，可以使用 markdown 格式以所见即所得方式编辑 Wiki 文档，提供搜索、标签、评审等知识管理功能，支持对外发布 Wiki 内容。

（1）Seafile 支持的平台介绍。

Seafile 作为一款国产私有云盘系统，支持多种平台，包括麒麟系统、Windows、Mac OS、Linux 等计算机操作系统，以及 Harmony OS、iOS、Android 等移动操作系统。

国家安全是一个国家综合国力的重要体现，信息安全已成为国家安全的重要基石。随着我国综合国力的提升，在信息技术领域，陆续出现了优秀的国产操作系统，包括麒麟操作系统、鸿蒙操作系统等。其中，麒麟操作系统由国防科技大学、中软公司、联想集团等国内知名科研院所和企业联合研发而成；鸿蒙操作系统是华为公司开发的用于手机、平板、汽车及智能穿戴等多种设备的操作系统，兼容全部 Android 应用和所有 Web 应用。

（2）部署私有云盘的服务端。

首先，从官方网站下载服务端软件，在准备好的服务器上进行安装，如图 2-52 所示。

从图 2-52 可以看出，Seafile 服务端安装在 Linux 系统（麒麟操作系统基于 Linux 内核）下，因此，需要提前准备好一台运行 Linux 系统的服务器，根据 Seafile 服务器手册的提示来部署私有云盘服务，如图 2-53 所示。

从图 2-53 中可以看出，部署 Seafile 的方法很多，本实例采用"部署 Seafile 服务器（使用 MySQL/MariaDB）"方法，如图 2-54 所示。

图 2-52　下载 Seafile 服务端软件　　　　　图 2-53　Seafile 服务器手册

图 2-54　部署 Seafile 服务器

具体部署过程参考 Seafile 官方说明。待部署完毕，通过命令行检测部署是否成功，如图 2-55 所示。

```
------------------------------------------------------------
Your seafile server configuration has been finished successfully.
------------------------------------------------------------
run seafile server:     ./seafile.sh { start | stop | restart }
run seahub  server:     ./seahub.sh { start <port> | stop | restart <port> }
------------------------------------------------------------
If you are behind a firewall, remember to allow input/output of these tcp ports:
------------------------------------------------------------
port of ccnet server:       10001
port of seafile server:     12001
port of httpserver server:  8082
port of seahub:             8000

When problems occur, Refer to

    https://github.com/haiwen/seafile/wiki

for information.
```

图 2-55　检测部署是否成功

通过 Web 页面测试 Seafile，当看到图 2-56 时，说明 Seafile 部署成功。

（3）部署私有云盘的客户端。

部署完服务端软件，接下来可以通过 Seafile 官方网站下载需要的客户端软件，如图 2-57 所示为桌面客户端软件，如图 2-58 所示为移动客户端软件。

图 2-56　Web 登录页面

图 2-57　桌面客户端软件下载界面

图 2-58　移动客户端软件下载界面

在 Windows 系统上下载"Windows 客户端"，进行桌面客户端软件的安装和配置，如图 2-59 所示。

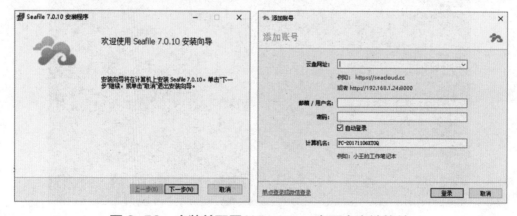

图 2-59　安装并配置 Windows 桌面客户端软件

在如图 2-59 所示的"添加账号"对话框中，添加刚部署好的服务器云盘网址、用户名及密码，然后登录即可，如图 2-60 所示。

图 2-60　输入登录信息及登录后的页面

除了可通过客户端登录系统，也可以通过浏览器查看云盘中的资料情况，如图 2-61 所示。

图 2-61　通过浏览器查看云盘中的资料情况

服务器端和客户端软件配置完毕后，即可通过云盘功能实现资料共享及团队协作。

（4）共享资料和团队协同办公。

首先，实现同步资料的功能。

安装并配置好一个终端的软件（如移动端），然后在计算机桌面软件上同步一个本地文件夹或文件，如图 2-62 所示。

图 2-62　同步本地文件夹

同步后的文件夹将显示在客户端页面上，如图 2-63 所示。在移动端软件上也可看到同步的文件夹及文件，如图 2-64 所示。Web 页面上也能查看到"test"文件夹，如图 2-65 所示。

图 2-63　同步的"test"文件夹　　　　图 2-64　查看移动端同步的"test"文件夹

其次，把同步的文件夹或文件共享给其他人使用。

在图 2-65 中，通过单击"共享"按钮，可以设置共享权限（如图 2-66 所示）。在图 2-66 中，可以共享链接，也可以共享给本系统中的用户或群组。

图 2-65　Web 端同步的 "test" 文件夹　　　　　图 2-66　设置共享权限

以共享链接为例，设置密码保护或共享时间来进一步控制文件夹的共享权限，单击 "生成链接" 按钮，即可把链接 URL 发送给需要共享的人，如图 2-67 所示。

图 2-67　共享链接

同时，通过 "共享给群组" 可以实现团队协同办公，解决部门之间资料的共享、同步等需求。

除此之外，对删除的文件，也可以在 "回收站" 中找到并在需要的时候恢复，如图 2-68 所示。

图 2-68　恢复删除的文件

以上功能只能在公司内部实现资料共享及团队协作，如有员工出差在外，将无法同步资料。因此，需要通过配置路由器把本地服务器映射到外网，以实现通过外网访问的功能，如图 2-69

所示。

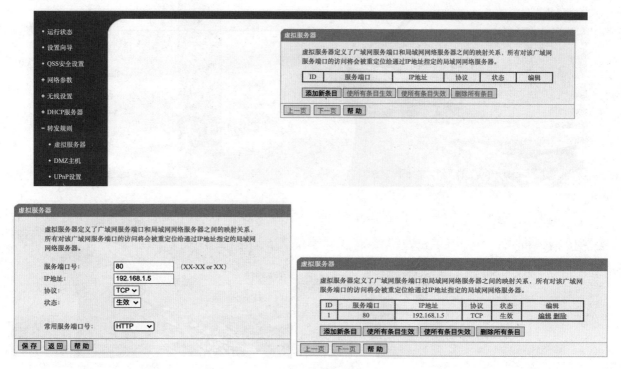

图 2-69　创建映射

通过如图 2-69 所示设置，出差员工也可以实现对资料的同步访问并与同事协同工作，如图 2-70 所示。

图 2-70　外网访问

2.9.2　知识与技能

私有云盘是实现企业内部资料管控的最佳应用之一，它可以实现员工对自己资料的同步上传，在资料丢失或者误删的情况下可以及时恢复；它可以在协同工作时实现资料的共享与协同编辑，提高团队工作效率。掌握私有云盘的部署，首先需要配置好服务端的软件，其次要设置好客户端软件，最后要熟练掌握实现资料同步、资料共享、团队协作、资料恢复等功能。

考核评价

◆　**考核项目**

授课教师提供组建小型网络系统的设备，将班级学生分成 4 个小组，每组通过抽签方式选择以下 4 个项目中的一个，每组成员自主推选组长，分配的项目内容不能重复。项目完成后，每个小组将完成的项目进行展示并讲解项目在实施过程中遇到的难题及解决方法等，其他组成员为该项目组评分，评定出的成绩记为小组成绩。同时，组内成员为本组其他成员打分，两次综合得分按照权重记为小组中每位同学的成绩。

项目 1：某企业为了业务的发展，需对新办公场地进行装修和布网，新网络要求有 100Mbps 带宽出口，能满足 6 大部门、20 个项目组的办公需要；同时，全公司实现无线网络覆盖，区域无线网络无感知切换。

作为公司的网络团队，请问如何设计网络拓扑结构，使用哪些网络设备及采用什么样的技术参数布线，以应对公司快速发展的需求？

项目 2：在"项目 1"的基础上，公司有 10 个业务系统对外提供服务，并保证其安全运行；6 个部门中，销售部、财务部和技术部的网络实现访问权限限制，对来往财务部的网络进行监控；同时，需要对公司共享的打印机等设备进行监管，用于统计耗材的使用情况。

作为公司的网络团队，请问如何配置出口网络设备及安全控制、配置部门之间的汇聚设备实现访问控制，以及对共享打印机的监管，来满足公司对于内部运营的业务要求？

项目 3：公司有了更强的网络环境，公司高管觉得如果能实现对新办公场地的电源、照明、电器、温湿度的智能监控，将有利于提高管理效率、改善办公环境质量和节约能源，提升办公场地的安全性和舒适度。

作为公司的网络团队，请问如何设计布点，使用哪些物联网设备及采用哪种物联网连接技术，以满足对新办公场地的监控？

项目 4：该企业经过几年的发展，业务数据越来越多，因为缺乏对资料的管理，要想找一份项目材料，需要到档案室查询很长时间。这样的资料共享，严重影响了公司的运营效率。如果能把公司的业务项目资料进行电子化处理，不仅查询方便，而且能解决存储、备份、共享及团队协作的难题，提升资料管理效率。

作为公司的网络团队，选择哪款私有云盘系统来实现这些要求，以满足公司对资料管理的需要？

◆　**评价标准**

根据项目任务的完成情况，从以下几个方面进行评价，并填写表 2-3。

（1）方案设计的合理性（10 分）。

（2）设备和软件选型的适配性（10分）。

（3）设备操作的规范性（10分）。

（4）小组合作的统一性（10分）。

（5）项目实施的完整性（10分）。

（6）技术应用的恰当性（10分）。

（7）项目开展的创新性（20分）。

（8）汇报讲解的流畅性（20分）。

表 2-3　评价记录表

序号	评价指标	要求	评分标准	自评	互评	教师评
1	方案设计的合理性（10分）	各小组按照项目内容，对项目进行分解，组内讨论，完成项目的方案设计工作	方案合理，得8~10分；方案需要优化，得5~7分；方案不合理，需要重新讨论后设计新方案，得0~4分			
2	设备和软件选型的适配性（10分）	各小组根据方案，对设备和软件进行选择和应用	选择操作简便，应用简单的设备和软件，得8~10分；满足项目要求，但操作不简便，得5~7分；重新选择得0~4分			
3	设备操作的规范性（10分）	各小组根据设备和软件的选型进行操作	能够规范操作选型设备和软件，得8~10分；没有章法，随意操作，得5~7分；不会操作，胡乱操作，得0~4分			
4	小组合作的统一性（10分）	各小组根据项目执行方案，小组内分工合作，完成项目	分工合作，协同完成，得8~10分；组内一半人员没有参与项目完成，得5~7分；一人完成，其他人没有操作，得0~4分			
5	项目实施的完整性（10分）	各小组根据方案，完整实施项目	项目实施，有头有尾，有实施，有测试，有验收，得8~10分；实施中，遇到问题后项目停止，得5~7分；实施后，没有向下推进，得0~4分			
6	技术应用的恰当性（10分）	项目实施使用的技术，应当是组内各成员都能够熟练掌握的，而不是仅某一个人或者几个人会应用	实现项目实施的技术全部都会应用，得8~10分；组内一半人会应用，得5~7分；只有一个人会应用，得0~4分			
7	项目开展的创新性（20分）	各小组领到项目后，要对项目进行分析，采用创新的手段完成项目，并进行汇报、展示	实施具有创新性，汇报得体，得16~20分；实施具有创新性，但是汇报不妥当，得10~15分；没有创新性，没有汇报，得0~9分			
8	汇报讲解的流畅性（20分）	各小组要对项目的完成情况进行汇报、展示	汇报展示使用演示文档，汇报流畅，得16~20分；没有使用演示文档，汇报流畅，得10~15分；没有使用演示文档，汇报不流畅，得0~9分			
总　分						

小组成员：＿＿＿＿＿＿＿＿＿＿＿＿＿＿

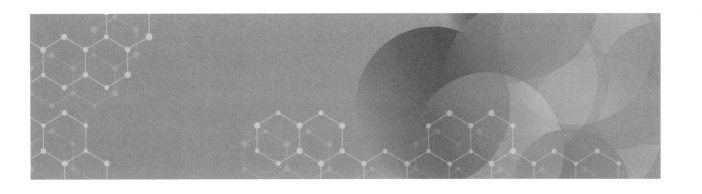

模块 9　信息安全保护

职业背景

随着信息化建设和 IT 技术的快速发展，各种信息技术的应用更加广泛深入，信息安全问题，特别是网络信息安全问题更加突出。信息安全不仅关系到机构和个人用户的信息资源和资产风险，也关系到国家安全和社会稳定。信息安全保障已成为各国热门研究和人才需求的新领域。信息安全保障工作不仅成为社会认可的职业，更是信息社会每一位公民必备的基本技能。这就要求同学们必须增强信息安全意识，培养信息安全习惯，学习必备的信息安全知识和技术，才能在享受信息便利的同时，保障信息的安全应用。

没有网络安全就没有国家安全，就没有经济社会稳定运行，广大人民群众的利益也难以得到保障。

信息资源有别于其他资源，是可以同时被很多人共享使用的特殊资源。如果在信息存储、传输和使用的过程中，没有安全保护措施，就可能出现信息被截收、删除、篡改等危害事件。危害信息安全的因素有很多，如信息系统自身的不可靠，工作环境存在异常干扰，工作人员操作不当，更有人为恶意破坏等。由于危害信息安全事件的急剧增多，信息安全也成为世界各国关注的焦点。本模块旨在强化信息安全保护的基本能力，提升信息系统的安全保护能力。

学习目标

1. 知识目标

（1）了解业务系统安全风险评估方法。

（2）了解安全防护方案所包含的核心要素。

（3）了解网络存在的安全问题。

（4）掌握网络安全防护的技术方法。

（5）掌握网络安全防护的管理方法。

2. 技能目标

（1）会进行业务系统安全风险评估。

（2）会设计网络安全防护方案。

（3）会选用恰当的技术手段保护网络。

（4）会采取恰当的管理策略保护网络。

（5）会查找、堵塞安全漏洞。

（6）掌握防范网络攻击的基本方法。

3. 素养目标

（1）遵纪守法，文明守信。

（2）合法使用信息资源，自觉抵制不良信息。

（3）具有信息安全意识，注重隐私保护。

（4）忠于职守，团结协作，爱岗敬业，无私奉献，服务热情。

任务 1   信息系统安全需求分析

解决信息安全问题的基础是充分、全面了解信息系统存在的安全隐患，而进行信息系统安全需求分析则是有效获取相关信息的手段和方法。

◆ 任务描述

全面了解信息应用中出现的安全问题是实施信息安全防护工作的前提，也是预测信息安全防护技术发展的前提，更是有针对性解决信息安全危害问题的重要基础。作为网络管理员的小华并不十分清楚管理对象存在的问题，他决定从基础的信息收集开始，逐步深入直至全面获取信息系统安全需求，从而提升信息系统安全需求分析的基本技能。

◆ 任务目标

信息系统安全需求分析工作涉及信息收集、整理、提取等一系列内容，完成任务学习后将达到以下目标：

（1）了解信息收集的方法。

（2）信息系统安全防护需求调查表。

（3）会有目的地进行调查访谈。

（4）能通过信息收集获取信息系统安全需求。

9.1.1　工作流程

（1）制作信息系统安全调查表。

（2）完成实地调查访谈，时间为 10 分钟。

（3）提取信息系统安全需求。

9.1.2　知识与技能

1. 制作调查表

了解信息系统安全需求最简单、最直接的方法，就是制作信息系统安全需求调查表，让信息系统的使用者填写，然后根据表格信息提取用户的安全需求。

（1）初步拟定调查表内容。

用于了解用户信息系统安全需求的调查表至少应包含以下内容。

① 信息系统安全建设基本情况。

物理安全：机房（信息系统放置地点）环境是否符合相关安全标准和规范；设备、器材的安全性指标是否符合产品规定的安全性要求，是否经过检测机构的认证；环境和设备是否对人员造成伤害或危害人身健康。

网络安全：是否划分安全域、安全子网，是否有防火墙、入侵检测、安全审计、恶意代码防治等网络安全防护设备及软件。

系统安全：计算机系统平台是否有安全控制机制，如何保证系统安全；应用系统平台是否有安全控制机制，如何保证应用系统安全。

应用安全：是否有应用安全控制机制，如何保证各应用环节的安全。

安全管理：是否有规范的安全管理制度，安全管理制度执行情况；是否有不安全事件发生，曾经的危害程度有多大。

② 可能产生的安全威胁。

物理威胁：是否存在地震、雷电、火灾、水灾等物理威胁。

网络威胁：是否存在外部攻击、内部攻击；信息泄露、数据篡改的危害程度有多大；有害信息、恶意代码的传播危害程度等。

系统威胁：如何实施系统权限安全管理，如何防范系统安全漏洞等。

应用威胁：用户级别控制策略与应用内容的适应性；是否存在信息滥用、越权访问、数据篡改等问题。

系统不可用威胁：是否存在软、硬件故障造成的崩溃、服务不可用或数据丢失等问题。

（2）初步拟定调查表。

根据初步设想，参照表9-1的样例制作信息系统安全防护需求调查表。

表9-1　信息系统安全防护需求调查表（样例）

项　　目	内　　容	需　　求		说　　明
物理安全	机房（设备放置地）是否符合环境安全要求	□是	□否	
	是否符合防雷要求	□是	□否	
	是否符合防火要求	□是	□否	
	是否符合电源保护要求	□是	□否	
	其他	□是	□否	
网络安全	是否符合漏洞扫描要求	□是	□否	
	是否符合入侵检测要求	□是	□否	
	其他	□是	□否	
系统安全	是否符合身份鉴别要求	□是	□否	
	是否符合信息备份要求	□是	□否	
	其他	□是	□否	
应用安全	是否符合文件保护要求	□是	□否	
	是否符合安全审计要求	□是	□否	
	其他	□是	□否	
……	……	……		

（3）修订调查表内容。

在形成安全需求调查表框架的基础上，与系统管理人员或系统应用人员进行简单沟通，进一步明确调查表的适用对象，确认调查表内容的适应性，有目的地增、删表中所列项目，形成适用的信息系统安全防护需求调查表。

① 删除不适用的内容。

对于被调查对象不理解或已有解决措施的内容，应予以删除，否则调查数据可能干扰最终的结论。例如，建筑物有整体防雷系统，是否还要在信息系统中加装防雷保护，一般用户不具备回答这方面问题的能力等。

② 增加缺少的内容。

和信息系统相关人员沟通时，一定要关注调查表是否有缺项问题。每个信息系统都会有自身的特殊要求，若没有关注到其特殊的安全需求，可能会造成保护上的遗漏，达不到完整提取安全需求的目的。

③ 完成信息系统安全防护需求调查表。

根据征求的意见和建议完善调查表，再经个别人员的沟通和确认后，形成与调查对象相适应的调查表。

2．实地访谈调查

实地访谈是调查人员根据调查目的，按照访谈提纲或调查表，通过个别访谈或集体交流的方式，系统而有计划地收集资料的一种方法。实地访谈可以在制作调查表之前进行，也可以在之后进行，但是两者的目的有所不同。

（1）访谈。

访谈是通过咨询获取信息的常用方法。咨询顾问通过与客户组织中各类人员的接触谈话，能够获取客户组织的重要主观问题，被访谈的人也能感受到他们在为项目做出贡献。访谈过程是一个耗费时间的过程，需要巧妙周全的构建，访谈之前要做好充分的准备，包括材料准备、思想准备等。

访谈时做到"三要六不要"。要主导场面，善于引导；要控制好语速；要明确记录人。不要过于主动；不要言语繁复；不要帮忙下结论；不要一开始过于抬高被访谈者的地位；不要用"可能"等字眼；不要有与访谈无关的话题。

（2）制定现场访谈提纲。

由于实地访谈受调查人员的影响较大，访谈人员的安全管理经验、思考问题的方式、访谈技巧等都会影响访谈对象，因此，访谈前应制定较为详细的现场访谈提纲，争取使访谈达到最佳效果。

① 制订访谈计划。

访谈计划主要包含以下内容：

- 确定访谈目的。
- 确定访谈的题目和内容。
- 确定访谈的方式。
- 编写提问的措辞及其说明。
- 确定必要的备用方案。
- 规定访谈记录和分类方法。
- 确定访谈进度。

② 访谈提纲。

访谈提纲应包括开场语、访谈问题和结束语等基本内容。好的开场语能尽快拉近访谈者和被访谈者的距离，让被访谈者明白访谈的目的和意义。结束语主要是对被访谈者的感谢。而访谈问题则是对访谈内容的集中描述，可以是以下内容。

信息系统管理者：您对所管理的信息系统安全防护重要性的理解是什么？

您认为最需要进行安全防护的内容有哪些？

您认为采用哪些安全防护措施能够解决问题？

信息系统应用者：您对所使用的信息系统安全防护重要性的理解是什么？

您使用信息系统时出现安全问题，会有什么后果？

您能接受的安全措施是技术性的还是管理上的？为什么？

（3）现场访谈。

现场访谈可以严格按照访谈提纲进行，也可以根据访谈进程出现的新问题临时增加话题，但要注意言谈表情、举止动作等因素，要把握题目的转换，当回答问题有含糊或前后矛盾时，要进行重述或追问。

① 提问技巧。

掌握提问技巧能够有效达成调查目的，一般应注意以下几个方面：

● 使用简单语言，灵活掌握问题提法，一句话一个问题，结果的指向性较为明确。

● 问题具体，便于理解，避免抽象，所得结论较为直接。

● 敏感问题迂回谨慎，避免被访谈者陷入两难境地。

● 访谈开始后追问不要过于频繁，避免出现被访谈者有心理压力，不敢发言。

● 把握方向、聚焦主题，减少题外话，提高有效访谈时间。

● 注意问题顺序，便于前后印证。

② 访谈记录。

访谈记录是做出调研结论的文字基础，因此，必须对其提出以下要求：

● 全面、客观和准确是提取有效信息的重要基础。

● 摒弃个人意志，不带任何偏见，注意记录与自己想法有差别的意见和建议，兼收并蓄。

● 尽量记录原话，便于复原被访谈者的意图。

3. 信息系统安全需求分析

根据安全调查的一般性结论，形成具体信息系统的安全需求条目，既是对调查工作的总结，更是制定安全解决方案的基础。

（1）风险与信息安全风险评估。

风险是指在一定时间内，由于系统行为的不确定性（主要指发生了意料之外的事故）给人们带来危害的可能性。对这种可能性，既可以用频率（单位时间内事件的发生概率）表示，也可以用概率表示（具体环境下事件的发生概率）。

信息安全风险评估是指依据国家有关信息安全技术标准和准则，对信息系统及由其处理、传输与存储信息的保密性、完整性和可用性等安全属性，进行全面、科学分析和评价的过程。信息安全风险评估将对系统的脆弱性、信息系统面临的威胁，以及脆弱性被威胁源利用后所产生的实际负面影响进行分析、评价，并根据信息安全事件发生的可能性及负面影响的程度，识别信息系统的安全风险。

（2）提取信息系统安全基本需求。

从调查表和访谈记录中提取经用户确认的问题信息，并用准确的语言描述信息系统安全的基本需求，形成较为明确的信息系统安全防护目标。信息系统安全基本需求的具体表述方法如下：

例 1：信息系统存在外部攻击的可能，外部攻击风险的损失后果严重，必须在原基础上加强防护。

例 2：信息系统不同使用者的权限差别较大，他们不能处在同一子网内工作。

例 3：物理安全已有充分考虑，不需要增加特别的防护措施。

（3）信息系统安全需求分析。

对信息系统安全的需求分析有其他信息调查分析的共性，也有其独具的特点，应该围绕安全防护目标，逐级寻找可能存在的安全风险点，聚焦主要的安全问题。

从调查表中提取经用户确认的信息，并用准确的语言分层描述信息安全的基本需求后，再针对用户的安全需求和实际应用状况分别进行风险分析，区分安全防护的主次顺序，为实施安全防护做好基础准备。

分析时应先按照调查内容分类罗列收集到的各种问题，然后分析每个问题的出现概率，最后确定应用者对该类风险的承受能力。根据最终结论确定需要解决的问题，并排列解决问题的优先顺序。优先级由高到低的顺序如下：

- 出现问题概率大，风险不能承受的安全问题。
- 出现问题概率大，风险能够承受的问题。
- 出现问题概率不大，风险不能承受的问题。
- 出现问题概率不大，风险能够承担的问题。
- 未来可能出现的安全问题。

任务 2　制定信息安全解决方案

网络应用层次不断提高，应用领域不断扩大，使安全问题也不再局限于某一环境或某单一内容。因此，采用任何单一的安全技术措施都不能满足安全应用的需要，制定信息安全整体解决方案，统筹考虑信息安全问题，是目前较为流行的安全问题解决策略。

◆　任务描述

小华作为负责学校网络运行的管理员，面对肆虐的病毒他建议购买网络杀毒软件，遇到黑客攻击他建议安装防火墙，即便如此仍然没有解决内网攻击、信息泄露等安全问题。如何建立一个合理、可行、安全、可靠的信息安全保障体系，积极应对网络应用中的各种安全威胁，是他急需解决的问题。

◆ **任务目标**

制定合理、可行的信息安全建设方案，首要任务是弄清安全解决方案包含哪些内容，如何描述，方案的结构形式如何等，然后设计具体安全策略，解决各种安全风险。完成学习后将达到以下目标：

（1）了解信息安全解决方案的组成框架。

（2）会制定学校网络安全解决方案。

9.2.1 工作流程

（1）根据信息系统安全需求设计安全策略。

（2）制定一份校园网络安全解决方案。

9.2.2 知识与技能

信息安全策略是制定信息安全解决方案的基础，安全解决方案的基本框架提供信息安全建设的模板，是信息安全保障体系设计、建设的基本依据。

1. 设计信息安全策略

在设计信息安全系统时，首要任务是确认需求和目标。资源共享和信息安全永远是一对矛盾，实用的信息安全系统，是在共享和安全之间选择用户可以接受的平衡点。制定安全策略的目的就是解决应用中面临的安全问题。

（1）了解安全策略。

安全策略是一种处理安全问题的管理策略的描述。策略能对某个安全主题进行描绘，说明其必要性和重要性，解释清楚什么该做、什么不该做。一般来说，策略包括总体策略和具体策略两部分。总体策略用于阐明信息安全政策的总体思想；而具体策略用于说明什么活动是允许的，什么活动是被禁止的。

为了能够制定出有效的安全策略，制定者一定要懂得如何权衡安全性和方便性，并且这个策略应和其他相关问题一致。

安全策略应简明，在工作效率和安全之间应该有一个好的平衡点，且易于实现、易于理解。安全策略必须遵循 3 个基本要素：确定性、完整性和有效性。

另外，安全策略还可能包含一些表面上和上述 3 个安全要素看似不相关的内容。这是因为系统整体安全十分重要，不能忽略系统关联的安全问题，这包括对设备、数据、E-mail、Internet 等内容的使用策略。

（2）信息安全策略的组成。

① 物理安全策略。

物理安全策略的目的是保护计算机系统、网络服务器、网络设备等硬件实体和通信线路免受自然灾害、人为破坏和搭线攻击；确保计算机系统有一个良好的电磁兼容工作环境；建立完备的安全管理制度，防止非法进入服务器安全控制区域和各种偷窃、破坏活动的发生。

② 访问控制策略。

访问控制是信息安全防范和保护的主要策略，它的主要任务是保证信息资源不被非法使用和非法访问，它也是维护信息系统安全、保护信息资源的重要手段。

③ 信息加密策略。

信息加密的目的是保护网内的数据、文件、口令和控制信息，保护网上传输的数据。信息加密常用的方法有链路加密、端点加密和节点加密 3 种。

④ 信息安全管理策略。

除了采用上述技术措施外，制定有关规章制度，加强信息安全管理，对保障信息安全也将起到十分重要的作用。

信息安全管理策略包括：确定安全管理等级和安全管理范围；制定有关操作使用规程和人员管理制度；制定信息系统的维护制度和应急措施等。

（3）信息安全策略设计依据。

在制定信息安全策略时应当充分考虑如下因素：

● 对于内部用户和外部用户分别提供哪些服务程序。

● 初始投资额和后续投资额（新的硬件、软件及工作人员）。

● 方便程度和服务效率。

● 复杂程度和安全等级平衡。

● 信息系统性能。

（4）信息安全策略的设计与开发。

信息安全策略的设计与开发是提高信息系统安全状态的第一步，一旦全面的安全策略定义好之后，就可以通过一套完整机制规范安全性。

通过 4 个步骤可以完成一个企业范围内的安全策略，它们分别是：基本系统结构信息的收集，现有策略/流程的检查，对保护要求进行评估，文档设计。

（5）策略描述的分类。

策略描述可以组合为不同的安全类型。

① 企业安全策略。

企业安全策略是通过相关规则对企业数据和实施过程进行保护，规则符合所涉及的安全威胁、风险和信息价值。一个企业通常由不同的部门或商业单元组成，每个部门或单元应该负责规划好自己的安全策略。

② 信息安全策略。

所有主要信息财产应该有一个所有人，所有人把信息分为敏感级别或其他级别。级别的划分依靠合法的职责、费用、合作策略和企业需要，所有人有责任保护这些信息并且有权决定什么人能够使用这些数据信息。

2. 网络安全控制方案内容

网络安全控制可以分阶段实施，常见的过程控制方案如下：

网络安全=事前检查+事中防护、监测、控制+事后取证

事前阶段：该阶段指系统正常运行到发生安全事故前的阶段。此时，主要使用网络安全漏洞扫描技术，对网络进行预防性检查，及时发现问题并予以解决。预防性的安全检查能最大限度地暴露现存网络系统中的安全隐患，配合行之有效的整改措施，可以将网络系统的运行风险降至最低。

事中阶段：该阶段指系统安全事故正在发生中的阶段。在此阶段，尽早发现事故苗头，及时中止事故进程，才能最大限度压缩安全事故持续时间，将事故损失降到最低。

事后阶段：该阶段指系统安全事故得到有效控制之后的阶段。此阶段主要是研究事故起因、评估损失、责任追查，核心问题是取证。安全审计信息采集是多层次、多方位、多手段的，且保证具有不可抵赖性。

完整的安全解决方案应该覆盖网络应用进程的各个层次，并且与安全管理制度相结合。

3. 信息安全保护的基本模型

随着信息安全技术的不断发展，信息安全行业出现了多种安全体系模型。

（1）OSI 安全体系结构。

国际标准化组织（ISO）在对开放系统互联环境的安全性进行深入研究后，提出了 OSI 安全体系结构，即《信息处理系统—开放系统互连—基本参考模型—第二部分：安全体系结构》，OSI 的标准体系被中国等同采用，形成了针对通信网络的安全体系架构模型，即 GB/T 9387.2—1995。该模型提出了安全服务、安全机制、安全管理和安全层次的概念。安全服务共 5 类，分别是鉴别服务、访问控制、数据保密性、数据完整性和抗依赖性。支持安全服务的有 8 种安全机制，分别是加密机制、数字签名、访问控制、数据完整性、数据交换、业务流填充、路由控制和公证。安全管理则被分为系统安全管理、安全服务管理和安全机制管理。实现安全服务和

安全管理的层面包括了 OSI 的 7 层，即物理层、链路层、网络层、传输层、会话层、表示层和应用层。

（2）PDR 安全防护体系。

为了解决信息安全问题，人们首先想到的是采取主动的防护手段，如对数据信息进行加密防止被窃取，安装防火墙防止系统被入侵等。但是主动防护存在防护设施失效危害已然发生的致命缺陷，因此，人们又提出了新的防护思想。最具代表性的是 ISS 公司提出的 PDR 模型，该模型认为安全体系应包括防护（Protection）、检测（Detection）、响应（Response）3 个方面。

PDR 构建的完整安全防护体系，不仅需要防护机制（安装防火墙、信息加密等），也需要危害检测机制（入侵检测、漏洞扫描等），还需要在出现问题时做出响应（报警、断网等）。PDR 模型建立在基于时间的理论基础之上，认为信息安全相关的所有活动，无论是攻击行为、防护行为、检测行为，还是响应行为，都要消耗时间。因此，可以用时间尺度衡量 PDR 体系的能力。假定系统被攻破保护的时间为 P_t，检测到发生攻击的时间为 D_t，响应并反攻击的时间为 R_t，被暴露的时间为 E_t，则系统安全状态的表达式为 $E_t=D_t+R_t-P_t$，当 $E_t>0$ 时，说明系统处于安全状态；当 $E_t<0$ 时，说明系统已受到危害，处于不安全状态；当 $E_t=0$ 时，说明系统安全处于临界状态。

PDR 模型考虑的防护、检测和响应 3 个要素都局限于技术，明显与实际安全应用环境有出入。除了技术因素，制约信息安全的还有人员、管理、制度和法律等方面的要素。为此，有专家对 PDR 模型进行了补充和完善，先后提出 PPDR、PDRR、PPDRM、WPDRRC 等改进模型。

（3）IATF 信息保障技术框架。

IATF 是和 PDR 一样被人们重视的安全保护模型，它是由美国国家安全局组织专家编写的全面描述信息安全保障体系的框架，它关注技术、管理、策略、工程和运行维护等各个环节，使安全保障贯穿整个系统。

IATF 首次提出了信息安全保障需要通过人、技术和操作来共同实现组织职能和业务运作的思想，同时针对信息系统的构成特点，从外到内定义了 4 个主要的技术关注层次，包括网络基础设施、网络边界、计算环境和支撑基础设施。完整的信息保障体系在技术层面上应实现保护网络基础设施、保护网络边界、保护计算环境和保护支撑基础设施，形成"深度防护战略"。

（4）WPDRRC 信息安全模型。

该模型是由我国专家提出的适合中国国情的信息系统安全保障体系建设模型，它吸取了 IATF 关于安全需要通过人、技术和操作共同实现组织职能和业务运作的思想，在 PDR 模型的前后增加了预警和反击功能。WPDRRC 模型有 6 个环节和 3 大要素。预警（Warning）、保护（P）、检测（D）、响应（R）、恢复（Recovery）和反击（Counterattack）这 6 个环节具有较强的时序性和动态性，能够较好地反映出信息系统安全保障体系的预警能力、保护能力、检测能力、响应能力、恢复能力和反击能力。人员、策略和技术这 3 大要素的核心是人员，桥梁是策略，必要的技术则是最终的保证，只有将 3 种要素全面落实在 6 个环节中，才能将安全策略变为安全现实。

4. 了解信息安全解决方案设计准则

信息安全解决方案是在解决安全问题基本框架的基础上，根据存在的具体安全问题制定的，满足需求的信息安全解决策略。信息安全方案整体设计过程中应遵循以下 9 项原则。

（1）信息安全的木桶原则。

"木桶的最大容积取决于最短的一块木板"，此道理也适用于信息系统安全。信息安全的木桶原则是指对信息进行均衡、全面保护。信息系统是一个复杂的计算机系统，它在物理、操作和管理上的种种漏洞构成了系统的安全脆弱性，尤其是多用户信息系统自身的复杂性、资源共享性使单纯的技术保护难以奏效。攻击者的"最易渗透原则"，必然使系统中最薄弱的地方成为进攻的目标。因此，充分、全面、完整地对系统安全漏洞和安全威胁进行分析是设计安全系统的前提条件。安全机制和安全服务设计的首要目的是防止最常用的攻击手段，根本目的是提高整个系统的"安全最低点"的安全性能。

（2）信息安全的整体性原则。

要求在发生被攻击、破坏的情况下，必须尽可能地快速恢复信息服务，减少损失。因此，信息安全系统应该包括安全防护机制、安全检测机制和安全恢复机制。安全防护机制是根据具体系统存在的各种安全威胁采取的相应防护措施，避免非法攻击。安全检测机制是检测系统的运行情况，及时发现和制止对系统进行的各种攻击。安全恢复机制是在安全防护机制失效的情况下，进行应急处理和及时恢复信息，减少破坏和损失。

（3）安全性评价与平衡原则。

对任何信息系统来说，绝对安全难以达到，也不一定必须达到，所以需要建立合理、实用、安全性与用户需求相平衡的体系。安全体系设计要正确处理需求、风险与代价的关系，做到安全性与可用性相容。评价信息是否安全，没有绝对的评判标准和衡量指标，只能决定于系统的用户需求和具体的应用环境，取决于系统的规模和范围，以及系统的性质和信息的重要程度。

（4）标准化与一致性原则。

信息系统是一个庞大的系统工程，其安全体系的设计必须遵循一系列的标准，这样才能确保各个分系统的一致性，使整个系统安全地互联互通、信息共享。

（5）技术与管理相结合原则。

信息安全体系是一个复杂的系统工程，涉及人、技术、操作等要素，单靠技术或单靠管理都不可能实现。因此，必须将各种安全技术与运行管理机制、人员思想教育与技术培训、安全规章制度建设相结合。

（6）统筹规划、分步实施原则。

由于政策规定、服务需求的不明朗，环境、条件、时间的变化，攻击手段的进步，使安全防护不可能做到一步到位，这就需要考虑一个比较全面的安全规划。首先根据信息系统的实际需要，建立基本的安全体系，保证基本、必需的安全性。随着信息系统规模的扩大及应用增加，或信息系统应用和复杂程度的变化，信息系统脆弱性也会不断增加，这时再调整或增强安全防护力度，以保证整个信息系统最根本的安全需求。

（7）等级性原则。

等级性原则是指不同对象应有不同的安全层次和安全级别。良好的信息安全系统必然分为不同等级，包括对信息保密程度分级，对用户操作权限分级，对网络安全程度分级（安全子网和安全区域），对系统实现结构分级（应用层、网络层、链路层等），从而针对不同级别的安全对象，提供全面、可选的安全算法和安全体制，以满足信息系统中不同层次的各种需求。

（8）动态发展原则。

根据信息系统安全的变化不断调整安全措施，以适应新的系统环境，满足新的信息安全需求。

（9）易操作性原则。

安全措施需要人去实施，如果安全管理措施过于复杂，对人的要求过高，本身就降低了安全性。增加了各种安全管理措施后，不能影响系统的正常运行。

5. 制定信息安全解决方案

以制定某基层单位信息网络系统安全解决方案为例，了解工作的全过程：

某单位网络系统需要重点考虑的安全问题包括物理安全的环境、设备和信息存储载体；系统安全的网络结构、系统平台和应用平台；网络安全的隔离、访问控制、通信安全、入侵检测及响应、安全扫描和病毒防护；应用和信息安全的资源访问控制等。由于信息网络承载该单位工作中的各种信息，其中包括敏感信息和限制使用范围的信息，所以应在统一的安全策略指导下制定安全解决方案。

任务 3　信息安全管理

分析世界各国发生的和计算机网络有关的案（事）件不难发现，发生问题的原因除计算机网络系统本身存在安全保密措施不完备以外，在计算机网络的安全组织管理等方面也存在着许多不安全因素，而这些恰恰是计算机网络安全所涉及的最基本问题，必须引起人们的足够重视。

◆ **任务描述**

有了各种保障网络安全的技术措施，网络管理员小华仍不敢掉以轻心，他决定系统学习信息安全管理方法，制定完善的信息安全管理制度，堵塞管理导致的安全漏洞，杜绝管理环节出现的各种安全危害。

◆ **任务目标**

从管理环节入手保证信息安全，既要有完善、合理的规章制度，又要采取科学、规范的管理方法。因此，信息安全管理也是一个涵盖多项内容的系统工程。完成本节学习后将达到以下目标：

（1）了解网络安全管理方法。

（2）熟悉安全管理的各项规章制度。

（3）会进行信息安全风险评估。

9.3.1 工作流程

（1）学习信息安全管理方法。

（2）拟定网络安全管理制度。

（3）评估特定系统的安全风险。

（4）实施等级保护。

9.3.2 知识与技能

1. 了解信息安全管理工作原则

实现计算机网络信息安全管理所依据的基本原则是：多人负责原则，任期有限原则，职责分离原则。

（1）多人负责原则。

所谓多人负责原则，是指从事每项与计算机网络信息有关的活动，都必须有两人或多人在场。所有参与工作的人员都必须是主管领导指派，并经高层管理组织认可，确保参与工作的人员能胜任工作且安全可靠。坚持这一基本原则，是希望工作人员彼此相互制约，从基本工作环节入手，提高计算机网络信息的安全性。

涉及计算机网络信息安全的工作过程应详细记录，由参与工作的人员签字证明计算机网络信息安全是否得到保证。

（2）任期有限原则。

任期有限原则是指担任与计算机网络信息安全工作有关的职务，应有严格的时限。涉及计算机网络信息安全的任何工作职务，都不应成为某人永久性或专有性职务。坚持这一基本原则，一方面是因为长时间从事安全工作，会使人在精神上过度疲劳，从而使计算机网络系统的安全可靠性有所下降；另一方面也可以在一定程度上避免长期隐匿计算机网络系统中的某些违纪、违规、违法行为，降低利用职务之便在计算机网络中从事违法犯罪活动的可能性。

为使任期有限原则切实可行、落到实处，必须建立、健全相应的规章制度。

（3）职责分离原则。

在计算机网络使用、管理机构内，把各项可能危及计算机网络信息安全的工作拆分，并划归不同工作人员的职责范围，称为职责分离。

坚持这一基本原则，是希望各工作环节相互制约，降低发生危害事件的可能性。每个工作人员只能涉及自己业务职责范围内的工作，除非经高层安全管理组织批准，否则不能泄露自己工作中涉及安全的工作内容，或了解不属于自己工作范围的工作内容。如发现有人私自超越工作职责范围，应视情况给予纪律处分并向上级领导呈报。

2. 了解信息安全管理工作内容

网络信息安全管理就是采取各种措施堵塞安全漏洞，使网络有序正常运行。因此，网络信息安全管理的工作过程就是发现安全漏洞、堵塞安全漏洞的过程，网络信息安全管理工作的内容就是针对网络信息安全漏洞采取的基本措施。

网络信息安全漏洞是指容易发生问题的各个环节，若能全部罗列各种可能的安全问题并采取有效措施，就能够真正实施网络信息安全管理。

3. 了解网络信息安全管理工作要点

各种安全信息管理制度是保证安全的前提，认真、严格执行并不断完善安全管理制度，才能达到安全管理的最终目的。实现计算机网络系统安全管理，必须从大处着眼，从小处抓起，堵住日常工作中的各种漏洞。在我国网络信息安全技术水平普遍较低的情况下，从安全管理工作上下功夫，会在很大程度上增加计算机网络系统的安全度。实施网络安全管理应注意做好以下几个方面的工作：

（1）单位最高领导经常过问计算机网络系统的安全问题。

要求计算机网络应用单位的最高领导亲自、经常过问计算机网络的安全问题，是实施计算机网络系统安全管理的基本点。只有最高领导重视计算机网络的安全问题，才能引起全体工作人员的注意，才便于组织、协调不同部门开展计算机网络安全建设活动，落实各种安全保障计划。

（2）严格监督规章制度的执行情况。

规章制度是保障安全的前提，认真执行才能有安全的结果。要建立检查规章制度落实执行情况的专项制度，采取定期检查、不定期抽查的方法，监督各项安全保障制度的执行情况，切实保证规章制度不流于形式，使其在计算机网络安全管理中发挥应有的作用。

（3）加强对计算机工作人员的安全教育。

对计算机工作人员不但要定期进行网络安全技术教育，更要注意宣讲计算机网络不安全引起的危害。要让工作人员明白，计算机网络系统遭破坏或瘫痪，不但会给单位造成巨大的经济损失，也会使单位的社会形象和信誉受到严重损害。在信息化社会，公司、企业失去了公众的信任，其遭受的损失和由此产生的后果应该是难以估量的。要明确告诚工作人员：严禁将其他部门的程序带入本单位的计算机系统；工作用计算机不允许安装各类游戏软件；严禁私自将单位的计算机网络与外界接通；不允许工作人员利用单位计算机干私活。若发现违纪违章现象，应严肃处理，决不姑息迁就。

（4）加强安全检查并进行科学评估。

计算机网络安全管理人员要定期检查各种安全防范措施，在检查过程中要特别注意安全防护设备的可靠性，防灾、减灾设备的功能完好性，安全保卫部门的应变能力等。对检查结果应及时进行认真、科学地评估，指出不安全因素，提出防治措施，限期消除。

（5）增加资金投入，强化安全建设。

逐步增加资金投入，进行必要的基础安全设施建设，是保证计算机网络安全的基础，有了安全设施，才有安全防护平台，才可能发挥安全技术的保护作用。安全防护设施滞后于安全要求的客观事实，要求计算机网络应用单位不断投入资金，逐步强化安全设施，只有这样才能满足安全防护的基本要求。安全总是相对的，因此，安全设施建设资金投入要视情况量力而行。

4. 制定基本的网络安全管理制度

建立网络安全机制，必须深刻理解网络涉及的全部内容，并根据网络环境和工作内容提出解决方案，因此，可行的安全管理策略应使用专门的安全防护技术，建立、健全安全管理制度并严格执行。

建立计算机网络安全管理制度是网络安全管理中的重要组成部分，网络使用机构、企业和单位都应建立相应的网络安全管理制度。制定网络安全管理制度的基本依据是《互联网信息服务管理办法》《互联网站从事登载新闻业务管理暂行规定》《互联网域名管理办法》等法律法规。一般认为，对计算机网络实施安全管理应制定以下安全管理制度：

● 计算机网络系统信息发布、审核、登记制度。

● 计算机机房安全管理制度。

- 计算机网络系统信息监视、保存、清除、备份制度。
- 计算机网络病毒及漏洞检测管理制度。
- 计算机网络系统各工作岗位的工作职责。
- 计算机网络违法案件报告和协助查处制度。
- 计算机网络账号使用登记及操作权限管理制度。
- 计算机网络系统升级、维护制度。
- 计算机网络系统工作人员人事管理制度。
- 计算机网络应急制度。
- 计算机网络系统工作人员安全教育、培训制度。
- 计算机网络系统工作人员循环任职、强制休假制度。

5. 制定计算机网络信息发布、审核、登记制度

在《计算机网络系统信息发布、审核、登记制度》中，应包括以下内容：

（1）信息发布的限制。

任何人员不得利用网络危害国家安全、泄露国家秘密，不得侵犯国家、社会、集体利益和其他公民的合法权益，不得利用网络制作、复制和传播下列信息：

① 煽动抗拒、破坏宪法和法律、行政法规实施的信息。

② 煽动颠覆国家政权、推翻社会主义制度的信息。

③ 煽动分裂国家、破坏国家统一的信息。

④ 煽动民族仇恨、民族歧视、破坏民族团结的信息。

⑤ 捏造或者歪曲事实、散布谣言、扰乱社会秩序的信息。

⑥ 宣扬封建迷信、淫秽、色情、赌博、暴力、凶杀、恐怖、教唆犯罪的信息。

⑦ 公然侮辱他人或者捏造事实诽谤他人的，或者进行其他恶意攻击的信息。

⑧ 损害国家机关信誉的信息。

⑨ 其他违反宪法和法律、行政法规的信息。

（2）信息内容审核。

网络管理员必须检查链接网站、个人主页的信息内容，若发现包含有害信息应及时取消其链接。网络管理员必须定期检查网站内容及留言板等发表的内容，若发现包含有害信息必须及时删除和取消其用户资格，有违反法律法规的应及时提交公安部门查处。

（3）登记备案。

网站拥有者和信息发布者都要严格执行备案制度，这样才能有效制约违规行为。

6. 制定计算机网络信息监视、保存、清除和备份制度

在计算机网络信息监视、保存、清除和备份制度中，应包括以下内容：

网络管理员必须监视网站及留言板等发布的信息，防止有人通过网络发布有害信息；网络管理员必须定期对服务器进行备份；网络管理员必须定期对服务器里的多余、无用、临时文件进行删除。

7. 制定计算机网络病毒检测及网络安全漏洞检测制度

在计算机网络病毒检测及网络安全漏洞检测制度中，应包括以下内容：

上传文件至文件服务器的人员必须对上传文件进行病毒检测，确保没有病毒；网络用户必须定期对使用的计算机进行病毒检测，防止病毒感染和传播；网络管理员必须定期对服务器进行病毒检测，防止病毒入侵和传播；网络管理员必须定期对服务器进行安全漏洞检测，升级服务器系统，安装必要的系统补丁，堵塞可能的网络安全漏洞。

8. 制定计算机网络违法案件报告和协助查处制度

在计算机网络违法案件报告和协助查处制度中，应对以下内容进行具体要求：

发现有害信息应及时通知网络管理员；发现违反网络安全法规或传播有害信息的人员，应报告公安机关网监部门；计算机网络人员应配合公安机关追查有害信息、有害电子邮件的来源，协助做好取证等工作。

9. 制定计算机网络账号使用登记及操作权限管理制度

在计算机网络账号使用登记及操作权限管理制度中，需要对用户账号进行以下限制：

使用网络的人员必须拥有网络合法使用账号；网络设备、计算机服务器等由网管中心统一管理，除网管中心工作人员以外，其他任何人不得擅自操作网络设备、修改网络设置；网络管理员必须监视账号的使用情况，发现违规使用网络者应立即封锁或删除账号；网络管理员拥有建立、修改、删除网络账号的权限。

10. 明确计算机网络安全管理人员责任

明确网络安全管理人员责任，是为了给工作人员指明工作方向，也是为了提高安全管理意识。一般认为网络安全管理人员具有以下工作责任：

负责网络系统的安全运行；负责网络应用与管理部门之间的联系；负责网络（网站）的信息安全；为用户提供安全服务；负责防火、防盗等工作；配合公安部门查处违法案（事）件等。

11. 制定计算机网络安全教育及培训制度

必要的安全教育是保证网络安全管理有序进行的基础，因此，对计算机网络工作人员必须定期开展培训，以保证各种安全技术得以顺利实施。计算机网络安全教育及培训制度应包括以下内容：

定期开展计算机网络安全教育；定期安排网络管理员参加计算机网络安全技术培训；定期组织网络管理员学习新的安全法规。

12. 评估信息安全风险

信息安全中的风险评估是传统的风险理论和方法在计算机网络系统中的应用，是科学地分析和理解信息与网络系统在保密性、完整性和可用性等方面所面临的风险，并在风险的减少、转移和规避等风险控制方法之间做出决策的过程。风险评估将导出网络系统的安全需求，因此，所有网络安全建设都应该以风险评估为起点。网络安全建设的最终目的是服务于信息化，但其直接目的是为了控制安全风险。

（1）风险评估的概念。

网络系统的安全风险，是指人为或自然的威胁造成安全事件的可能性及可能造成的影响。

网络安全风险评估，则是指依据国家有关网络安全技术标准，对网络系统及由其处理、传输和存储的信息的保密性、完整性和可用性等安全属性进行科学评价的过程，它评估网络系统的脆弱性、网络系统面临的威胁以及脆弱性被威胁源利用后所产生的实际负面影响，并根据安全事件发生的可能性和负面影响的程度来识别网络系统的安全风险。

网络安全是一个动态的复杂过程，它贯穿于信息资源和网络系统的整个生命周期。网络安全的威胁来自内部破坏、外部攻击、内外勾结进行的破坏以及自然危害。只有按照风险管理的思想，对可能的威胁、脆弱性和需要保护的网络资源进行分析，依据风险评估的结果为网络系统选择适当的安全措施，才能妥善应对可能发生的风险。

（2）风险评估的基本要素。

网络安全风险评估需要关注以下要素：

① 对网络的依赖。

一个单位完成工作任务对网络系统的依赖程度越高，网络安全风险评估的任务就越重要，可能存在的风险就越大。

② 资产。

通过网络化建设积累起来的网络系统、信息、生产或服务能力、人员能力和赢得的信誉等。

③ 资产价值。

资产的重要程度和敏感程度。

④ 威胁。

一个单位的网络资产的安全可能受到的侵害。威胁由多种属性描述：威胁源、威胁能力、资源、动机、途径、可能性和后果。

⑤ 脆弱性。

网络资产及其防护措施在安全方面的不足和弱点。脆弱性也常常被称为漏洞。

⑥ 风险。

风险由意外事件发生的可能性及发生后可能产生的影响这两项指标来衡量。风险是在考虑事件发生的可能性及其可能造成的影响下，脆弱性被威胁所利用后所产生的实际负面影响。风险是可能性和影响性的函数，前者指威胁源利用一个潜在脆弱性的可能性，后者指不利事件对组织机构产生的影响。

⑦ 残余风险。

采取了安全防护措施，提高了防护能力后，仍然可能存在的风险。

⑧ 安全需求。

为保证单位的使命能够正常行使，在网络安全防护措施方面提出的要求。

⑨ 安全防护措施。

对付威胁，减少脆弱性，限制意外事件的影响，检测、响应意外事件，促进灾难恢复和打击网络犯罪而实施的各种实践、规程和机制的总称。

（3）风险评估的模式。

通常，参与网络系统风险评估的有：网络系统拥有者和上级主管机关、网络系统承建者、网络系统安全评估服务机构、网络系统的关联者。他们在评估活动中的角色不一样、心理不一样，承担的责任也不一样。

国内外现存的风险评估模式有自评估、检查评估和委托评估。

① 自评估。

自评估是网络系统的拥有者依靠自身力量，对自己的网络系统进行风险评估的活动。自评估有利于保密，有利于发挥行业和部门内人员的业务特长，有利于降低风险评估的费用，有利于提高本单位的风险评估能力。但是，如果没有统一的规范和要求，在缺乏安全风险评估专业人才的情况下，自评估的结果会不深入、不规范、不到位。为弥补这些缺陷，可以请专家指导或委托专业评估组织参与部分工作。

② 检查评估。

检查评估是由网络安全主管机关或业务主管机关发起，依据已经颁布的法规或标准进行检查评估。检查评估是通过行政手段加强网络安全的重要措施，这种模式具有权威性，但检查间隔较长，难以贯穿网络系统的生命周期。

③ 委托评估。

委托评估是指网络系统使用单位委托具有风险评估能力的专业评估机构实施评估活动，它兼具自评估和检查评估的特点。委托评估一般过程较为规范，评估结果较为客观，置信度较高。但评估费用较高，且可能会难以深入了解行业应用服务中的安全风险。若系统中有敏感信息，委托评估也可能成为一个新的风险。

（4）风险评估。

① 风险评估工作流程。

风险评估应遵循以下工作流程：

● 体系特征描述。

● 识别威胁。

● 识别脆弱性。

● 分析现有安全防护措施。

● 确定可能性。

● 分析影响。

● 确定风险。

● 建议安全防护措施。

● 记录结果。

上述工作流程是一个总体描述，在实践中可能是重复循环的过程，针对不同目的和条件的评估对象应酌情简化或充实某些步骤。

② 风险评估工具。

目前使用的风险评估工具有漏洞扫描工具、入侵检测系统、渗透性测试工具、主机安全性审计工具、安全管理评价系统、风险综合分析系统、评估支撑环境工具等。

③ 评估。

评估是按照一定的评估策略，使用专用工具检查网络系统的操作性过程，常见的评估测试操作如下：

● 使用漏洞扫描工具扫描系统、数据库、网络，确定开放服务是否违反安全策略，是否存在安全漏洞。

● 检查防火墙配置，看是否满足安全要求。

● 通过模拟攻击检查入侵检测系统的反应能力。

● 检查日志文件、记账文件，确定是否有越权行为。

● 检查常用服务的配置，确定是否有管理疏漏。

● 使用口令破解工具分析用户口令，确定重要用户是否使用弱口令。

● 使用密码破解工具破解文件密码，确定加密信息的安全性。

目前，国家网络安全风险评估工作正在推广进行中，随着网络系统等级保护工作的开展，大规模的风险评估工作会逐步推开。

13. 实施信息安全等级保护

信息安全等级保护，是指对国家秘密信息及公民、法人和其他组织的专有信息以及公开信息和存储、传输、处理这些信息的信息系统分等级实行安全保护，对信息系统中使用的信息安全产品实行按等级管理，对信息系统中发生的信息安全事件分等级响应、处置。

信息安全等级保护就是分等级保护、分等级监管，是将全国的信息系统按照重要性和遭受损坏后的危害性分成 5 个安全保护等级，从第一级到第五级逐级增高。

根据《信息安全等级保护管理办法》的规定，等级保护工作主要分为 5 个环节：定级、备案、建设整改、等级测评和监督检查。应用单位在确定等级后，第二级（含第二级）以上信息系统要到公安机关备案，公安机关对备案材料和定级准确性进行审核，合格后颁发备案证明。完成备案工作后，应根据等级要求，按照国家标准开展建设整改，包括增添安全设备，落实安全措施和责任，建立、健全安全管理制度等。然后选择符合国家规定条件的测评机构，进行等级测评。公安机关对第二级信息系统进行指导，对第三级、第四级信息系统定期开展监督、检查。

（1）安全保护等级划分与监管。

① 安全保护等级划分。

信息系统的安全保护等级应当根据信息系统在国家安全、经济建设、社会生活中的重要程度，信息系统遭到破坏后对国家安全、社会秩序、公共利益及公民、法人和其他组织的合法权益的危害程度等因素确定。信息系统的安全保护等级共分 5 级：

- 第一级，信息系统受到破坏后，会对公民、法人和其他组织的合法权益造成损害，但不损害国家安全、社会秩序和公共利益。
- 第二级，信息系统受到破坏后，会对公民、法人和其他组织的合法权益产生严重损害，或者对社会秩序和公共利益造成损害，但不损害国家安全。
- 第三级，信息系统受到破坏后，会对社会秩序和公共利益造成严重损害，或者对国家安全造成损害。
- 第四级，信息系统受到破坏后，会对社会秩序和公共利益造成特别严重损害，或者对国家安全造成严重损害。
- 第五级，信息系统受到破坏后，会对国家安全造成特别严重损害。

② 定级工作原则。

信息系统定级工作按照"自主定级、专家评审、主管部门审批、公安机关审核"的原则进行。信息系统运营、使用单位和主管部门是信息安全等级保护的责任主体，需要根据所属信息系统的重要程度和遭到破坏后的危害程度，确定信息系统的安全保护等级。同时，依照与确定等级相适应的管理规范和技术标准，建设安全保护设施，落实安全保护责任制，对信息系统实施保护。

信息系统运营、使用单位和主管部门按照"谁主管谁负责，谁运营谁负责"的原则开展工作，运营、使用单位和主管部门是信息系统安全的第一责任人，对所属信息系统安全负有直接责任。公安、保密、密码部门对运营、使用单位和主管部门开展的等级保护工作进行监督、检查、指导，对重要信息系统安全负监管责任。

③ 保护与监管。

信息系统运营、使用单位依据等级保护管理办法和相关技术标准，对信息系统进行保护，国家信息安全监管部门对其信息安全等级保护工作进行监督管理。

第一级信息系统，由运营、使用单位负责安全防护工作；第二级信息系统的保护工作要接受信息安全监管部门的工作指导；第三级信息系统的保护工作要接受信息安全监管部门的监督、检查；第四级信息系统的保护工作要接受信息安全监管部门的强制监督、检查；第五级信息系统的保护工作由国家指定专门部门进行专门监督、检查。

（2）等级测评工作内容与方法。

等级测评过程包含 4 个活动：测评准备、方案编制、现场测评和分析与报告编制。

① 等级测评的主要方法。

● 访谈：主要访谈与测评系统有关的人员。

● 检查：检查包括评审、核查、审查、观察、研究和分析等，检查对象是文档、机制、设备等，检查工具是技术核查表。

● 测试：主要包括功能测试、性能测试和渗透测试，测评对象包括安全机制、设备等。

② 系统信息收集。

收集与信息系统相关的信息是完成系统定级、等级测评、需求分析、安全设计等工作的前提，收集信息的方法有发放调查表格、专门人员座谈、资料查阅、实地考察等。

与信息系统相关的信息包括物理环境信息、网络信息、主机信息、应用信息和管理信息等。

③ 编制测评方案。

● 测评方案是测评人员进行工作交流、明确工作任务的指南，是现场测评思路、方式、方法的具体方案，也是顺利完成测评任务的基础。测评方案可以和被测系统运营单位进行充分交流确定，使被测单位理解和支持现场测评工作，并依据测评方案提前做好准备。

● 测评方案应包括项目概述、工作依据、测评计划、被测系统描述、测评指标说明、测评对象说明、测评内容和方法等。

- 被测系统描述：描述被测系统应以信息系统拓扑结构为基础，采用总分式描述方法，先说明被测系统的整体结构，然后描述被测系统的边界，最后介绍被测系统的网络区域及具体主机设备节点等。

- 测评计划：描述现场工作人员的分工和计划。在确定工作量和人员数量后，进行现场测评人员分工和时间安排。工作量可以根据配置检查的节点数量、工具测试的接入点及测试内容进行估算，一般对一台主机设备进行配置检查需要一个小时左右，在百兆网络的一个接入点扫描一台主机需要半个小时左右。测试应尽量避开信息系统业务高峰期，减少对被测系统正常工作的影响。

- 测评指标：描述对被测系统进行测评的测评指标，测评指标根据被测系统的级别确定，可以采用列表的形式进行描述。

- 测评对象：描述测评对象的情况，选择测评对象是等级测评的一项重要工作，可以采用列表形式描述。

- 现场测评实施内容：描述现场测评的具体实施内容，现场测评内容包括单元测评和整体测评。

④ 现场测评。

现场测评活动全部在被测系统现场完成，需要测评机构、测评委托单位全程参与。整个测评活动，测评人员不直接接触被测系统，由对方配合人员进行操作，测评人员只负责查看、获取及详细、准确、规范地记录测评证据，并保留电子证据，为后期分析、报告准备充足的资料。现场安全测评的基本手段是访谈、检测和测试。

⑤ 测评结果判断。

现场测评完成后，会得到多个测评证据，也可能出现多个测评证据矛盾的情况，即有的测评证据与其预期结果一致，有的测评证据与其预期结果不一致。这就需要根据不一致的测评证据给出单个测评项的测评结果。

测评结果判断通常分为单项结果判定和单元结果判定两类。

⑥ 测评报告编制。

测评报告是等级测评工作的最终产品，直接体现测评成果。测评报告应包括以下内容：报告摘要、测评项目概述、被测信息系统情况、等级测评范围与方法、单元测评、整体测评、测评结果汇总、等级测评结论、安全建设整改建议等。公安部门对信息系统等级测评报告有统一格式要求。

任务 4 防范恶意代码

开放的互联网已经成为恶意代码广泛传播的"绝佳"环境，通过网络传播恶意代码不但速度快、影响面广，危害性也更强。因此，全面了解恶意代码，掌握恶意代码检测与清除技术，并构建有效的防范体系，是保障信息安全的重要内容。

◆ **任务描述**

全球爆发的勒索病毒，使小华不得不重新审视已有的病毒防范系统，思考如何建立一个更加合理、可行、安全、可靠的恶意代码防范体系，积极应对网络应用中频发的恶意代码安全威胁，防范恶意代码造成的各种危害。

◆ **任务目标**

制定合理、可行的恶意代码防范策略，首先需要了解恶意代码的作用机制，然后才有可能采取有针对性的策略，遏制恶意代码的入侵、危害，全面解决恶意代码导致的各种安全风险。完成本节学习任务后将达到以下目标：

（1）了解恶意代码作用机制。

（2）会制定恶意代码防范策略。

（3）会清除恶意代码。

9.4.1　工作流程

（1）了解恶意代码的作用机制。

（2）制定恶意代码防范策略。

（3）使用专用工具查杀恶意代码。

（4）手工查杀恶意代码。

9.4.2　知识与技能

1. 了解恶意代码作用机制

恶意代码常驻于一台或多台计算机的内存中，并有自动重新定位的能力。它会自动检测与其联网的计算机是否感染，并把自身的一个拷贝（一个程序段）发送给那些未感染的计算机。恶意代码具备重定位、识别、发送自身拷贝的功能，使恶意代码扩散呈几何级数增加。

恶意代码通常由两部分组成：主程序和引导程序。

恶意代码扩散的一般工作过程为：驻留在感染恶意代码计算机中的主程序，通过读取公共配置文件，收集与之联网的其他计算机信息，寻找其他计算机系统的漏洞或缺陷，并尝试利用计算机系统存在的缺陷在远程计算机上建立其引导程序。引导程序把恶意代码植入远程计算机，达到传染恶意代码的目的。恶意代码也可以使用存储在计算机上的邮件客户端地址簿中的地址传播引导程序，进而传播恶意代码。

2. 了解计算机木马的基本组成

通常情况下，一个完整的计算机木马系统由硬件部分、软件部分组成。

（1）硬件部分——建立木马连接所必需的硬件实体。

计算机木马系统的硬件部分由以下 3 部分组成。

● 控制端（客户端）：对服务端进行远程控制的计算机，通俗地说，就是黑客使用的计算机。

● 服务端：被控制端远程控制的计算机，是通过某种途径被安装了木马服务程序的目标计算机，通俗地说，就是被黑客控制的计算机。

● 网络：控制端对服务端进行远程控制，实现数据传输的载体。可以是局域网，也可以是像互联网之类的广域网，多数是通过互联网实施木马行为。一般对具体的连接方式没有限制，只要存在通道即可。

（2）软件部分——实现远程控制所必需的软件程序。

与硬件部分相对应，软件部分同样由 3 部分组成。

● 控制端程序（客户端程序）：控制端用来远程控制服务端的程序，也是安装在控制端供黑客使用的程序。

● 服务端程序：潜入服务端内部，获取其操作权限的程序，也是安装在服务端的程序——木马。

● 配置程序：可以设置控制端、服务端的 IP 地址，控制端、服务端的端口号，服务端程序的触发条件，服务端程序名称等。设置服务端程序名称可以使服务端程序隐藏得更加隐蔽。

3. 制定恶意代码防范策略

防范恶意代码可以从两方面考虑。利用专门技术可以遏制或及早发现恶意代码入侵和传播，但前提是防范技术必须充分发挥作用，而制约这一前提的是管理，因此也就有了"三分技术七分管理的说法"。应该说防范恶意代码比查杀恶意代码更重要，如果能够有效防止恶意代码入侵，既可减少入侵危害，也能减少查杀的麻烦。

（1）防范恶意代码的管理措施。

防治恶意代码的关键是做好预防工作，只要做好恶意代码的预防工作，就能够降低恶意代码感染计算机的可能性。防范恶意代码的管理应该从以下几个方面着手。

① 牢固树立以预防为主的思想。

解决恶意代码的防治问题，关键是在思想上予以足够的重视。计算机网络用户要根据"预防为主，防治结合"的八字方针，切实做到预防为主，防得好可以减轻治的压力，也可以防止危害事件发生。制定出切实可行的管理措施是做好预防工作的前提。由于恶意代码的隐蔽性和主动攻击性，要杜绝恶意代码的传染很困难。在目前的计算机应用环境中，特别是对于网络系统和开放式系统而言，杜绝恶意代码几乎不可能，因此，以预防为主是遏止恶意代码传播的最好方法。制定出一系列有效的安全预防措施，可以降低恶意代码传染的可能性，即使受到恶意代码感染，也可根据预定方案立即采取有效措施消除恶意代码。

② 堵塞恶意代码的传染途径。

堵塞传播恶意代码的途径是防治恶意代码侵入的有效方法。根据恶意代码传染途径，明确需要严防死守的恶意代码入口，同时进行经常性的检测，最好能在计算机中装入具有动态预防恶意代码入侵功能的防护系统，这样既能将恶意代码的入侵率降低到最低限度，也能将恶意代码造成的危害减少到最低限度。

③ 数据的安全保护。

对于计算机用户而言，最重要的应该是硬盘中存储的数据。用户的重要数据一定不要与系统共用一个分区，避免出现因系统损坏造成数据丢失的问题。重要的数据要及时备份，不要等到恶意代码破坏、硬盘或软件发生故障使数据损伤时再去急救。备份数据之前要进行恶意代码查杀，尽量避免恶意代码被动传染。数据备份应异地存放，备份形式可以多种多样，如磁盘备份、光盘备份或整机备份。

④ 做好各种应急准备工作。

恶意代码爆发具有突然性，当用户发现恶意代码时，恶意代码可能已经感染了整个网络中的计算机，所以有必要建立满足应用需要的应急响应工作方案，以便在恶意代码爆发的第一时间提供可行的解决方案。网络管理员必须准备完备的应急工具，如系统启动盘、杀毒盘、紧急系统恢复盘、各种操作系统盘、常用应用软件包、最新系统补丁盘等，平时应注意做好分区表、引导扇区、注册表等信息的备份工作。这样可以提高系统维护和修复的工作效率，降低危害损失。

⑤ 防恶意代码软件的管理。

为了有效阻止恶意代码的危害，用户要准备好多种防、杀、解软件，使用多品牌反恶意代码软件交叉查杀恶意代码，可以避免漏检、漏杀问题。反恶意代码软件应定期检查，及时升级，确保反恶意代码软件始终处于完好和功能齐全的状态。

⑥ 纳入网络的安全管理。

在网络环境中，恶意代码具有不可低估的威胁性和破坏力，如果不重视计算机恶意代码的防范，很可能会带来灾难性的后果。因此，防范恶意代码是要和网络安全诸多问题综合考虑解决的重要内容。

（2）防范恶意代码的技术措施。

使用专门技术防范恶意代码入侵是减少危害的重要举措，只有让反恶意代码技术充分发挥作用才能有效帮助计算机用户解决恶意代码危害问题。常用的技术防范措施有以下内容：

① 合理设置、使用查杀恶意代码软件。

目前不管是国内或者是国外的查杀恶意代码软件，在恶意代码预防方面做得都是尽可能全面。如国内外的查杀毒软件，对系统安全、各种应用程序、文件、网页、木马等项都采取措施做好了相应的防护，但是，只有合理设置和使用才能使各项功能最大限度发挥作用。

② 及时升级操作系统、应用软件和反恶意代码软件。

恶意代码大多是通过漏洞传播，不管是任何操作系统，即使是微软最新推出的 Windows 系统，也都可能存在漏洞，而应用软件更可能漏洞百出。恶意代码寻找漏洞并借助于不断出现的漏洞传播，新发现的漏洞通常是恶意代码的传播通道。因此，及时升级操作系统和应用软件是为了堵塞漏洞，阻断恶意代码传播的通道；而反恶意代码软件需要及时升级代码库，则是保证代码库包含最新的恶意代码样本，能够查杀最新的恶意代码及其变种。

③ 经常进行漏洞扫描。

使用漏洞扫描工具可以及时发现系统中存在的漏洞，并进行必要的修补，减少因漏洞带来的危害。许多反恶意代码软件都提供有专门供用户使用的漏洞扫描工具，经常使用漏洞扫描工具查补漏洞，对遏制恶意代码传播有相当大的帮助。

④ 经常备份重要数据。

恶意代码在网内传播会消耗大量的网络资源，同时也可能破坏网内的信息数据，因此，数据备份就显得尤为重要。数据备份的方法有很多种，如使用 Windows 系统自带的系统还原功能、使用动态磁盘建立镜像卷等，但其安全性或者性价比对于普通用户来说都不太适合。简单易行的办法就是把重要数据备份到移动存储介质，最好是刻录到光盘上。

⑤ 对 IE 浏览器进行安全设置。

在 IE 浏览器 "Internet 选项" 对话框的 "安全" 选项卡中，将 "Internet 区域的安全级别" 由 "中" 改为 "高"。在 "安全设置" 中，全部禁止 ActiveX 插件和控件、Java 脚本，以提高系统抵御包含恶意代码的 ActiveX、Applet 或 JavaScript 网页的能力。这样做可能造成一些正常应用 ActiveX 的网页无法浏览，但是可以整体提高网络应用的安全。

⑥ 关闭或删除系统中不需要的服务。

默认情况下，许多操作系统会安装一些辅助服务，如 FTP 客户端、Telnet 和 Web 服务器。这些服务为恶意代码入侵提供了方便，而又对普通用户没有太大用处，如果关闭或删除它们，就能大大减少被恶意代码利用的可能性。

4．使用专门工具清除恶意代码

使用查杀恶意代码工具可以快捷清除计算机系统里的恶意代码，某些专杀工具对清除特定恶意代码效果更好。

1）清除恶意代码的基本操作

清除恶意代码可以认为是植入过程的逆操作，即将恶意代码对计算机系统产生的各种更改还原成正常状态，内容包括对系统文件的修改，对注册表键及键值的修改，以及对各类文件的感染、增加、删除等。

恶意代码在植入计算机系统的过程中，通常会对主机进行修改，如添加文件到系统（包括拷贝恶意代码备份）或者对磁盘的扇区进行修改；修改主机系统中的文件（包括感染可执行文件、修改系统配置等）；在系统中写入启动项（包括注册表键值、系统配置文件、服务、启动目录等）。

恶意代码在运行的过程中，可能对系统产生影响，如修改系统函数功能；修改系统内核数据结构；创建恶意进程或线程；启动服务，装载驱动程序；对本系统或其他系统进行破坏等。

在进行恶意代码清除时，如果恶意代码正在运行，则还需要停止恶意代码的运行进程或其所依附的其他进程，卸载驱动程序或者停止服务，否则很难清除干净。

恶意代码为了增加清除难度，通常会隐藏自身或者在系统多个位置进行文件备份，甚至采取多种启动方式来确保系统重新启动之后获得控制权。因此，彻底清除恶意代码，通常需要进行以下操作：

（1）停止恶意代码的所有活动（包括停止进程、服务，卸载 DLL 等）。

（2）删除恶意代码新建的所有文件备份（包括可执行文件、DLL 文件、驱动程序等）。

（3）清除恶意代码写入的所有启动项。

（4）清除感染文件的附加内容。

上述操作多数可以利用系统自带的功能或工具来完成，有时候需要利用其他功能更加强大的工具。并不是所有恶意代码对系统进行的修改都可以被恢复，有些恶意代码在运行时，直接对系统的某些文件或者文件的部分内容进行了非备份式的覆盖操作，这将导致系统的某些文件和数据无法恢复。另外，恶意代码对系统外的其他目标产生了破坏行为，本机无法进行相应的恢复。

2）使用工具清除木马

以病毒和木马为代表的恶意代码，是影响计算机和网络应用的顽疾，使用专门工具能够有效遏止恶意代码的破坏。常用查杀工具有 360 安全卫士、金山、瑞星、卡巴斯基等，以下是使用 360 安全卫士清除计算机木马的具体操作。

① 双击桌面"360 安全卫士"快捷图标，启动 360 安全卫士，启动后的操作界面如图 9-1 所示。

② 单击"木马查杀"按钮，进入木马查杀操作界面，如图 9-2 所示。

图 9-1　360 安全卫士操作界面

图 9-2　木马查杀操作界面

③ 单击"全盘查杀"，即可开始对全部文件进行木马查杀，查杀进度显示如图 9-3 所示。

④ 扫描完成，显示使用 360 查杀木马的结果，如图 9-4 所示。如发现在计算机中存在木马，单击"一键处理"按钮，即可删除硬盘中的木马。

图 9-3　木马查杀进度

图 9-4　木马查杀结果显示

3）手工清除木马

学会手工清除常见、顽固的计算机木马，不但可以全面了解木马的"隐身"技术，更可以在没有工具的时候，干净、彻底消除木马危害。

（1）清除"冰河"。

虽然许多杀毒软件可以查杀"冰河"木马，但仍有众多感染"冰河"的计算机存在。"冰河"服务端程序为"G_server.exe"，客户端程序为"G_client.exe"，默认连接端口为"7626"。运行"G_server"后，在"C:\Windows\System"目录下生成"Kernel32.exe"和"sysexplr.exe"，然后删除自身。"Kernel32.exe"在系统启动时自动加载运行，而"sysexplr.exe"和 TXT 文件关联。在"Kernel32.exe"删除后，只要打开 TXT 文件，将激活"sysexplr.exe"，它再次生成

"Kernel32.exe"。清除"冰河"木马的操作如下：

① 删除"C:\Windows\system"中的"Kernel32.exe"和"sysexplr.exe"文件。

② 删除"HKEY_LOCAL_MACHINE\Software\Microsoft\Windows\CurrentVersion\ Run"中键值为"C:\Windows\System\Kernel32.exe"的项。

③ 删除"HKEY_LOCAL_MACHINE\Software\Microsoft\Windows\CurrentVersion\ Runservic- es"中键值为"C:\Windows\System\Kernel32.exe"的项。

④ 将注册表"HKEY_CLASSES_ROOT\txtfile\shell\open\command"中的默认值由中木马后的"C:\windows\system\sysexplr.exe %1"改为"C:\windows\ notepad.exe %1"，恢复 TXT 文件关联功能。

（2）清除"网络神偷"。

"网络神偷"运用"反弹"与"HTTP 隧道"技术，可以穿透过滤型和代理型等多种防火墙，侵入装有防火墙的网络或设备。它支持拨号上网、ISDN、ADSL、DDN、Cable、NAT 透明代理、HTTP 的 CONNECT 型代理等，声称能访问一切能浏览网页的计算机。"网络神偷"不是远程控制，是对磁盘文件系统的远程访问。它的界面模仿 Windows 资源管理器，客户端的监听端口开在 80。清除"网络神偷"木马的操作如下：

① 删除"HKEY_LOCAL_MACHINE\Software\Microsoft\Windows\CurrentVersion\ Run"中键值为"interent"、值为"internet.exe/s"的项。

② 删除自启动程序"C:\Windows\System\Internet.exe"。

（3）清除"广外女生"。

"广外女生"是一种远程监控工具，能够远程上传、下载、删除文件及修改注册表等，具有极强的破坏性。执行木马的服务器端程序，会自动检查进程中是否有"防火墙""实时监控""金山毒霸""天网""iparmor""tcmonitor""kill"等字样，如果有就终止该进程，使防火墙失去作用。

"广外女生"木马程序运行后，会在系统 System 目录下生成文件"Diagcfg.exe"，并关联 EXE 文件的打开方式。如果贸然删除该文件，将导致系统所有的 EXE 文件无法打开。正常清除"广外女生"木马程序的操作方法如下：

① 在纯 DOS 模式下找到 System 目录下的"Diagcfg.exe"，并将其删除。此时，Windows 环境中任何 EXE 文件都将无法运行。

② 找到 Windows 目录中的注册表编辑器"Regedit.exe"，将它改名为"Regedit.com"。

③ 回到 Windows 模式，运行"Regedit.com"程序。

④ 找到"HKEY_CLASSES_ROOT\exefile\shell\open\command"，将其默认键值改成""%1"%*"。

⑤ 找到"HKEY_LOCAL_MACHINE\Software\Microsoft\Windows\CurrentVersion\ Runservic-es"，

删除其中名为"Diagnostic Configuration"的键值。

⑥ 退出注册表编辑器，回到 Windows 目录，将"Regedit.com"改回"Regedit.exe"。

任务5　防范网络攻击

近年来网络攻击事件频发，无论是发达国家，还是发展中国家，攻击者的触角无处不在，所造成的社会危害性十分严重。据媒体报道，网络攻击每年给全世界带来的经济损失高达 100 亿美元，而攻击一个国家的政治、军事系统所造成的损失更是难以用金钱来衡量。

◆　任务描述

近期，多个用户反映存储在服务器中的资料丢失了许多。小华认真检查了服务器系统，发现其中莫名其妙地增加了一些文件。他请教了专业的计算机安全人员，被告知，他管理的服务器系统遭受到了黑客攻击。"黑客"一词对小华来说并不陌生，但是，黑客到底采用什么手段侵入他管理的系统、造成的危害程度如何等一系列问题，小华并不十分清楚，因此决定全面学习与之相关的技术。

◆　任务目标

了解网络攻击应从最基本的攻击过程开始，逐步深入。不同的网络攻击行为，会产生不同的危害后果，也需要利用不同的攻击技术，因此，只有全面了解网络攻击行为才能有目的地采取防范措施。完成本节学习后将达到以下目标：

（1）熟悉实施网络攻击的基本流程。

（2）能够有效防范网络攻击。

9.5.1　工作流程

（1）了解网络攻击的基本过程。

（2）保护口令安全。

（3）学习个人用户防范攻击的技巧。

9.5.2　知识与技能

1. 了解网络攻击的基本过程

黑客攻击所采用的技术和手段可能不同，攻击的目标也可能不同，但攻击过程大致一样，一般包括以下过程。

（1）收集攻击目标的信息，寻找系统安全漏洞。

黑客收集欲攻击对象的所有相关信息，包括软件和硬件信息，如操作系统、用户信息、驻留在网络系统中的各个主机系统的相关信息等。从中寻找系统的安全漏洞，目的是为实施攻击做基础准备。

因为网络中的漏洞太多，从操作系统、网络服务到网络协议，甚至缓冲区都存在漏洞，所以获取系统漏洞并非难事。在收集到攻击目标的相关网络信息之后，黑客会探测网络上的每台主机，寻找该系统的安全漏洞和安全弱点，黑客常使用探测工具自动扫描驻留在网络上的主机。

扫描系统漏洞使用的工具主要是扫描器、网络监听器和操作系统本身所提供的一些操作命令，具体使用的工具有自编程序，也有网络管理工具。

① 自编程序。

对于已经发现了一些安全漏洞的产品或系统，该产品或系统的厂商会提供一些补丁程序予以弥补，但用户并不一定都能及时使用这些补丁程序。若黑客发现这些补丁程序的接口，会自己编写程序，通过这些接口进入目标系统。

② 利用公开工具。

为了帮助系统管理员发现网络系统内部隐藏的安全漏洞以完善系统，网络应用领域有专门公司或个人编制专门用于网络扫描、分析、检测的程序。当然黑客也可以利用这些工具得到目标系统的信息，获取目标系统的非法访问权。

（2）选择适当的攻击方式。

黑客分析扫描得到的信息，找出攻击对象的安全漏洞和弱点，然后有目的地选择合适的攻击方法，如破解口令、缓冲区溢出攻击、拒绝服务攻击等。目的不同，采用的攻击方式就有所差异，以破坏为目的的攻击不一定需要侵入系统，侵入系统必须先获得部分权限。

（3）实施网络攻击。

黑客根据收集或探测到的信息发现了系统安全漏洞，且有合适的攻击方法，就可能对目标系统实施攻击行为。

黑客利用安全漏洞侵入系统中，这只是攻击的前奏。为了在攻击点被发现之后，能够继续侵入这个系统，入侵者通常要清除入侵记录，毁掉攻击入侵的痕迹，并在受到侵害的系统上建立另外的新"漏洞"或留下"后门"，并安装探测软件，窥测所在系统的活动，进一步收集感兴趣的信息，如 Telnet 和 FTP 的账号和口令等。

如果能发现受害系统在网络中的信任等级，黑客就可以通过该系统信任关系对整个系统实施攻击。如果黑客在受害系统上获得了特许访问权，就可以读取邮件、搜索和盗窃私人文件、毁坏重要数据，破坏整个系统的信息，直至造成不堪设想的危害后果。

2．应对网络攻击的一般过程

网络攻击对象不同，攻击方式会有差异，应对方式当然存在差别，但就攻击行为来看依然有许多共性，因此，应对网络攻击也应有章可循。

（1）尽早发现攻击事件。

发现攻击是响应入侵的前奏，越早发现，响应越及时，损失越小。攻击者非法侵入的特性决定了侵入的秘密性，所以发现攻击较为困难。一般情况下，可以考虑从以下几个方面开展工作，争取尽早发现攻击迹象：

① 使用入侵检测设备。

② 对 Web 站点的进出情况进行监视控制。

③ 经常查看系统进程和日志。

④ 使用专用工具检查文件修改情况。

（2）应急响应。

应急响应是针对不同攻击事件做出的不同应对措施，若以减少损失为目的，不同攻击事件的响应策略大同小异，一般包括以下内容。

① 快速估计入侵、破坏程度。

尽快估计攻击造成破坏的程度是减少损失的前提，也是采取正确应急方法的基础。不同的攻击、破坏程度，可以使用不同阻止方式遏制势态发展。为了便于快速得出正确结论，应事先根据网络应用情况和具体管理策略，制作问答式的攻击情况判断表，其中包括必须采取的应急策略。

② 决定是否需要关闭电源、切断网络连接。

如果明显存在入侵证据被删除或丢失的危险，可以考虑切断电源供给。但是，严禁随意干预电力供应，避免出现因电源改变系统运行环境的现象。

迅速判断系统保持连接或断开系统连接可能造成的后果，如果断开系统连接不会对正常工作和入侵证据产生影响，应立即断开系统连接，以保持系统的独立性。

③ 实施应急补救措施。

在系统投入运行之前，应针对各种可能出现的危害制定出快速、可行的应急预案。危害事件发生后，应尽快实施应急补救措施，以减少危害损失。

3．防范网络攻击

1）保护口令安全

保护口令安全需要从两个方面入手：一是在设置口令时考虑安全问题；二是在使用过程中对口令加强管理。

（1）创建安全口令。

从口令攻击程序的基本原理和执行过程可以看出，创建一个安全有效的口令应遵循以下基本原则。

① 口令的长度尽可能长，口令字包含的字符尽可能多。

从数学角度看，若设 m 为口令的长度，n 为字符集的字符数，所有可能的口令总数为 $Y=n^m$，当 $n=26$、$m=6$ 时，$Y=26^6$，即如果口令的长度为 6，只用 26 个纯大写或小写字母时，可能的口令总数为 26^6 种。如果区分字母的大小写，口令的总数为 $(2×26)^6$ 种，彼此相差 64 倍。如果 $m=8$，则口令的总数为 $(2×26)^8$，增加到 256 倍，考虑到一个 8 位随机字符的组合数为 $3×10^{12}$ 种，此时即便是借助计算机进行破解，也要很长的时间。因此，口令越长、字符集中字符数越多，破解需要花费的时间就越多，猜中的概率越低。当然，在实际使用中，口令不需要太长，字符数也不需要很多。因为口令一般是有时限的，假如破解口令需要两个月，而口令时限只有一个月，那么，这个口令是有效的。一般可以选择长度为 8 个字符的口令，口令中应包含字母、数字和一些其他符号。

② 不要使用有特征的字词作为口令，诸如姓名、出生年月日以及常用英语单词等。

口令破解者正是揣摩人们的一般心理，进行猜测破解密码，在黑客字典中也包含大量的此类单词，所以此类口令很容易被破解。

③ 不要选择特别难记的口令，以免遗忘而影响使用。

一个理想的有效口令，应该是由计算机动态生成的随机字符串，由于每次出现的字符串都不同，势必增大破解的难度。另外，也可以考虑将创建的口令加密，并以文件的形式保存在磁盘上，需要输入口令时，执行一次磁盘文件，这样可以防止盗窃口令者用击键记录程序或使用猜测手型的方法窃取口令。安全和记忆困难是难以克服的矛盾，一味追求安全而设置记忆难度较大的口令可能出现影响正常使用的问题，若采用记录的方法帮助记忆反而增加了泄密的途径。

（2）口令安全维护。

创建一个有效的口令仅完成口令保护工作的一半，另一半工作是系统管理员和用户对口令的安全维护。系统管理员应该充分利用网络操作系统提供的控制功能，管理和提醒用户保护口令安全。口令安全维护工作通常包含以下几个方面：

① 提示用户经常更换口令。

② 用户不要将自己的系统口令告诉别人，也不要几个人或几个系统共用一个口令，避免出现一个人或一个系统的口令被破解而造成所有口令都无效的现象。

③ 最好不要使用电子邮件传送口令。必须使用电子邮件传输口令时，一定要对邮件进行加密处理，防止口令在网上被盗窃。

④ 当用户使用了难以记忆的口令时，应该将记录口令的载体放到远离计算机的地方，以

减少因口令被盗窃而危及系统的可能性。

⑤ 增强保护口令的安全意识。

先进的认证方法已被用来克服传统口令的弱点，如智能卡、认证令牌、生物技术都已经成为进入系统的控制措施。尽管各种认证技术不相同，但它们产生的认证信息都不能让非法监视系统的黑客控制使用。一次性口令系统可以防止被黑客重用，这种口令即使被入侵者获得，也不可能被入侵者重新使用而获得进入系统的权限。

2）防范个人系统

个人计算机被黑客用于危害他人的事例很多，若不注意防范很可能将自己变成黑客危害他人的"工具"。

（1）关闭共享资源。

因特网是一个庞大的广域网，上网的计算机就是其中的一个节点。如果上网计算机的资源被设置为完全共享，那么所有东西都可以被其他用户访问和修改，所以，上网之前最重要的事情是把共享资源关掉。如果一定要与其他用户共享资源，则需要设置访问密码。

（2）设置安全口令。

在口令中不要使用包含名字、电话号码、生日和当前年、月的字符，尽量采用数字与字符混合的口令，多用特殊字符，诸如!、@、#和$等。例如，使用"Mi^5％\67"构成的口令才是一般程度的安全口令。另外，注意经常更改口令，至少一个月更换一次。

如访问的站点要求输入个人密码，不要使用与 ISP 账户相同的密码，许多站点会把这个密码存在浏览器的相关文件中，这就意味着任何站点都能看到该密码。谨防网络应用中的口令欺骗。

（3）正确配置系统。

不正确的配置是导致系统被入侵的主要原因之一，最好不要把系统配置为具有自动接收外来信息的功能，这些功能常常被人利用，成为入侵系统的突破口，如浏览器的警告框不能设置成自动回答 Yes 等。

（4）注意系统更新。

经常下载系统补丁程序修补系统，使用新版浏览器并充分利用新功能。

（5）安装个人防火墙。

安装个人防火墙，能有效提高个人计算机的防护能力，降低黑客入侵的可能。

考核评价

◆ **考核项目**

本项目为小组合作完成，学生组成 4 人合作小组，推选出组长，组员在组长带领下共同协商分工完成项目任务。完成后小组推选一名代表展示项目成果并进行项目分工说明，由老师及其他小组打分，评定出的成绩记为小组成绩，个人成绩由分工系数与小组成绩的乘积计算得出。

项目：制作校园网信息安全解决方案。

◆　**评价标准**

根据项目任务的完成情况，从以下几个方面进行评价，并填写表 9-2。

（1）方案设计的合理性（10 分）。

（2）设备和软件选型的适配性（10 分）。

（3）设备操作的规范性（10 分）。

（4）小组合作的统一性（10 分）。

（5）项目实施的完整性（10 分）。

（6）技术应用的恰当性（10 分）。

（7）项目开展的创新性（20 分）。

（8）汇报讲解的流畅性（20 分）。

表 9-2　评价记录表

序号	评价指标	要求	评分标准	自评	互评	教师评
1	方案设计的合理性（10 分）	各小组按照项目内容，对项目进行分解，组内讨论，完成项目的方案设计工作	方案合理，得 8~10 分； 方案需要优化，得 5~7 分； 方案不合理，需要重新讨论后设计新方案，得 0~4 分			
2	设备和软件选型的适配性（10 分）	各小组根据方案，对设备和软件进行选择和应用	选择操作简便，应用简单的设备和软件，得 8~10 分； 满足项目要求，但操作不简便，得 5~7 分； 重新选择得 0~4 分			
3	设备操作的规范性（10 分）	各小组根据设备和软件的选型进行操作	能够规范操作选型设备和软件，得 8~10 分； 没有章法，随意操作，得 5~7 分； 不会操作，胡乱操作，得 0~4 分			
4	小组合作的统一性（10 分）	各小组根据项目执行方案，小组内分工合作，完成项目	分工合作，协同完成，得 8~10 分； 组内一半人员没有参与项目完成，得 5~7 分； 一人完成，其他人没有操作，得 0~4 分			
5	项目实施的完整性（10 分）	各小组根据方案，完整实施项目	项目实施，有头有尾，有实施，有测试，有验收，得 8~10 分； 实施中，遇到问题后项目停止，得 5~7 分； 实施后，没有向下推进，得 0~4 分			
6	技术应用的恰当性（10 分）	项目实施使用的技术，应当是组内各成员都能够熟练掌握的，而不是仅某一个人或者几个人会应用	实现项目实施的技术全部都会应用，得 8~10 分； 组内一半人会应用，得 5~7 分； 只有一个人会应用，得 0~4 分			

序号	评价指标	要求	评分标准	自评	互评	教师评
7	项目开展的创新性（20分）	各小组领到项目后，要对项目进行分析，采用创新的手段完成项目，并进行汇报、展示	实施具有创新性，汇报得体，得16～20分；实施具有创新性，但是汇报不妥当，得10～15分；没有创新性，没有汇报，得0～9分			
8	汇报讲解的流畅性（20分）	各小组要对项目的完成情况进行汇报、展示	汇报展示使用演示文档，汇报流畅，得16～20分；没有使用演示文档，汇报流畅，得10～15分；没有使用演示文档，汇报不流畅，得0～9分			
总　分						

小组成员：_____

反侵权盗版声明

电子工业出版社依法对本作品享有专有出版权。任何未经权利人书面许可，复制、销售或通过信息网络传播本作品的行为；歪曲、篡改、剽窃本作品的行为，均违反《中华人民共和国著作权法》，其行为人应承担相应的民事责任和行政责任，构成犯罪的，将被依法追究刑事责任。

为了维护市场秩序，保护权利人的合法权益，我社将依法查处和打击侵权盗版的单位和个人。欢迎社会各界人士积极举报侵权盗版行为，本社将奖励举报有功人员，并保证举报人的信息不被泄露。

举报电话：（010）88254396；（010）88258888

传　　真：（010）88254397

E-mail：　dbqq@phei.com.cn

通信地址：北京市万寿路 173 信箱

　　　　　电子工业出版社总编办公室

邮　　编：100036